Agronegócio

Gestão, Transformação Digital e Sustentabilidade

DOUGLAS DE MATTEU
ARGUS CEZAR DA ROCHA NETO
CAROLINE LUIZ PIMENTA

Agronegócio

Gestão, Transformação Digital e Sustentabilidade

Freitas Bastos Editora

Direitos exclusivos da edição e distribuição em língua portuguesa:
Maria Augusta Delgado Livraria, Distribuidora e Editora

Direção Editorial: *Isaac D. Abulafia*
Gerência Editorial: *Marisol Soto*
Diagramação e Capa: *Deborah Célia Xavier*
Revisão: *Sabrina Dias*

Dados Internacionais de Catalogação na Publicação (CIP) de acordo com ISBD

M435a Matteu, Douglas de

Agronegócio: Gestão, Transformação Digital e Sustentabilidade / Douglas de Matteu, Argus Cezar da Rocha Neto, Caroline Luiz Pimenta. - Rio de Janeiro, RJ : Freitas Bastos, 2024.

208 p. : il. ; 15,5cm x 23cm.

Inclui bibliografia.

ISBN: 978-65-5675-390-4

1. Agronegócio. 2. Gestão. 3. Sustentabilidade. I. Rocha Neto, Argus Cezar da. II. Pimenta, Caroline Luiz. III. Título.

2024-746 CDD 338.13
CDU 338.43

Elaborado por Odilio Hilario Moreira Junior - CRB-8/9949

Índice para catálogo sistemático:
1. Agronegócio 338.13
2. Agronegócio 338.43

Freitas Bastos Editora

atendimento@freitasbastos.com

www.freitasbastos.com

DOUGLAS DE MATTEU: doutor em Business Administration e mestre em Arts in Coaching pela Florida Christian University (FCU), nos EUA, com reconhecimento no Brasil. Mestre em Semiótica, Tecnologias da Informação e Educação pela Universidade Brás Cubas (UBC). Tem três pós-graduações: Marketing, Educação a Distância e Gestão de Pessoas com Coaching. Bacharel em Administração de Empresas. Master Coach Trainer com certificações internacionais. Autor de mais de 30 livros, incluindo o best-seller "Coaching: Aceleração de Resultados", e coordenador e autor do "Manual Completo de Gestão para Formação de Tecnólogos – Conceitos e Práticas". Professor universitário da Fatec de Mogi das Cruzes no curso superior de agronegócio há mais de 15 anos. Docente convidado pela Florida Christian University, com experiências internacionais nos EUA e Japão e em cursos de pós-graduação. Atua como palestrante, coach, mentor e treinador comportamental por meio do Instituto de Alta Performance Humana (IAPerforma®), onde é CEO.

Contato: douglas@iaperforma.com.br – @douglasmatteu.

ARGUS CEZAR DA ROCHA NETO: graduado em Administração Pública pela Universidade do Estado de Santa Catarina (UDESC) e em Agronomia pela Universidade Federal de Santa Catarina (UFSC). Mestre e doutor em Biotecnologia e Biociências, com ênfase em Fitossanidade. Atualmente é professor adjunto no Centro Universitário Adventista de São Paulo (UNASP – campus Engenheiro Coelho) e avaliador de cursos de graduação do Instituto de Ensino e Pesquisa Anísio Teixeira (INEP/MEC).

Contato: argus.neto@acad.unasp.edu.br – tel.: (19) 99928-2667.

CAROLINE LUIZ PIMENTA: graduada em Agronomia, mestre e doutora em Ciências pelo Programa de Pós-graduação em Recursos Genéticos Vegetais da Universidade Federal de Santa Catarina (UFSC). Atuou no Laboratório de Fitopatologia do Centro de Ciências Agrárias da UFSC, no qual desenvolveu pesquisas relacionadas com o controle alternativo de doenças de plantas. No período de 2016 a 2020, trabalhou na empresa alemã PEAT GmbH, com a identificação de doenças e pragas vegetais e assistência técnica agrícola online para agricultores de diferentes regiões do mundo, como, por exemplo, Marrocos, Índia, Alemanha, Estados Unidos, Brasil e demais países da América do Sul. Em 2016, fundou a Fitocon, empresa de consultoria agrícola para agricultores familiares. Em 2018, focada na propagação de manejos sustentáveis e na transferência de tecnologias para agricultura familiar, instituiu a empresa ManejeBem, a qual atua na facilitação da assistência técnica agrícola por meio de plataformas digitais, levantamento de dados e planejamento de ações de responsabilidade ambiental, social e econômica no campo.

Contato: carolineluiz@manejebem.com.

Prefácio

Em 2050, a Organização das Nações Unidas (ONU) estima que a população global deve alcançar 10 bilhões de pessoas. Ao longo deste período, a renda *per capita* também deve crescer, assim como a expectativa de vida da população, em que teremos um número maior de pessoas mais velhas. Estes fatores estão resultando em um crescimento relevante na demanda por alimentos, fibras, bioenergia e outros agroprodutos. Em suma, serão mais pessoas idosas (exigindo mais cuidados) e mais exigentes (com maior poder de compra).

Este cenário de crescimento se apresenta diante de um apelo constante pelo uso racional de recursos para produção e preservação do meio ambiente. Ou seja, precisamos produzir mais, porém sem gerar impactos ao planeta. Como isso se torna possível? Com ciência, tecnologia, inovação e pessoas capacitadas para esta finalidade.

O Brasil tem sido chamado pelo mundo para contribuir neste desafio, já que é um dos únicos que têm a capacidade de expandir a sua produção sem a abertura de novas áreas, via campos de 2ª safra ou pastagens degradadas. E temos feito isso de maneira exemplar, tanto que, nos últimos 30 anos, a produção de grãos cresceu quase cinco vezes, enquanto a produtividade das lavouras mais do que dobrou. Como resultado, diversas regiões têm se desenvolvido economicamente, gerando oportunidades às pessoas.

Em 2023, o Brasil já lidera nove segmentos no comércio global do agro (soja, açúcar, café, suco de laranja, carne bovina, carne de frango, milho, celulose e fumo), e estamos caminhando para a liderança em outros. Com isso, estamos contribuindo para a garantia da segurança alimentar global, fornecendo alimentos para cerca de 1 bilhão de pessoas.

Com muita honra, fui convidado pelos autores a escrever este prefácio, e o faço com muito entusiasmo, pois sei do papel desta obra junto destes objetivos, seja para promoção de conceitos relacionados ao setor, para melhorias na gestão e nos resultados de seus agentes, ou ainda para estimular discussões relacionadas à sustentabilidade e inovação, de forma a fortalecer o posicionamento que costumo defender, do Brasil, fornecedor sustentável global de alimentos, bioenergia e outros agroprodutos.

O livro "Agronegócio: Gestão, Transformação Digital e Sustentabilidade" apresenta conceitos, dados, ferramentas e desafios, de forma ampla e com elevado nível, podendo ser utilizado como material educacional, para o estímulo a políticas-públicas e/ou setoriais, guiar as decisões de empresas e profissionais do setor e outras finalidades.

Parabenizo aqui os autores, Douglas de Matteu, Argus Cezarda Rocha Neto e Carolina Luiz Pimenta — além da editora Freitas Bastos —, pelo grande resultado com este material.

A vocês, leitores, espero que aproveitem ao máximo este conteúdo e trabalhem para, dele, gerar grandes resultados. Boa leitura!

Marcos Fava Neves

Marcos Fava Neves é professor titular (em tempo parcial) das Faculdades de Administração da USP (Ribeirão Preto – SP), da EAESP/FGV (São Paulo – SP) e fundador da Harven Agribusiness School (Ribeirão Preto – SP). É especialista em Planejamento Estratégico do Agronegócio.

Sumário

AGRONEGÓCIO 15

1.1 **A importância do agronegócio: um panorama mundial** 15

1.2 **Definição e conceitos de agronegócio** 17

1.2.1 Histórico brasileiro no agronegócio 19

1.2.2 A revolução verde (e amarela) 23

1.2.2.1 A revolução verde no mundo 23

1.2.2.2 A revolução verde: os impactos na produtividade e preço dos alimentos 25

1.2.2.3 A revolução verde: os impactos na nutrição humana e o combate à fome 26

1.2.2.4 A revolução verde: os impactos no meio ambiente 28

1.2.2.5 A nova revolução verde 2.0 30

1.2.2.6 O agronegócio nacional atual: uma abordagem do exemplo brasileiro pós-RV 33

1.2.3 Políticas públicas e economia 35

1.2.4 Cadeias agroalimentares globais: do Brasil para o mundo 36

1.2.5 Comunicando o agronegócio brasileiro: o equilíbrio do agronegócio sustentável 38

1.3 **Inovação e tecnologia: o agro 4.0** 40

1.4 **Resumo** 44

1.5 **Consolidação do conhecimento: agronegócio mundial e os desafios da sustentabilidade** 45

1.6 Referências bibliográficas 47

GESTÃO NO AGRONEGÓCIO 53

Introdução 53

2.1 A importância da administração 54

2.2 Gestão do agronegócio 56

2.2 Gestão no agronegócio 59

2.3 O gestor do agronegócio 59

2.4 Administração: contexto histórico e contemporâneo 62

2.5 O empreendedorismo e o agronegócio 73

2.5.1 Tipos de empresa 75

2.6 Administração na prática: o planejamento estratégico 77

2.6.1 Como definir metas e objetivos? 83

2.6.2 Como fazer a análise estratégica? 86

2.6.3 Ferramenta de análise SWOT 87

2.6.4 Crie um plano de ação estruturado 89

2.7 Gestão da qualidade e da produção 92

2.7.1 Gestão da produção e a qualidade no agronegócio 94

2.7.2 As principais ferramentas de gestão da produção 97

2.8 Marketing 102

2.9 Gestão de pessoas 118

2.10 Logística e cadeia de suprimentos 131

2.10.1 As principais ferramentas da logística 134

2.11 Gerenciamento de projetos 138

2.11.1 Ferramentas de gestão de projetos 143

2.11.2 Gestão de projetos 5.0 144

2.12 Gestão contábil e financeira 147

2.12.1 Fazendo a contabilidade de uma empresa do agronegócio 151

2.12.2 As questões legais 153

2.12.3 Calculando o VPL e a TIR 156
2.12.4 Conseguindo recursos financeiros 158
2.12.5 Contabilidade e gestão financeira 5.0 159
2.13 Inovação e a gestão 5.0 162
2.14 Resumo 164
2.15 Estudo de caso: empresa Agrotech – superando desafios de gestão no agronegócio 165
2.16 Referências bibliográficas 170

SUSTENTABILIDADE E INOVAÇÃO 175
3.1 Sustentabilidade: definição e importância 175
3.2 Sustentabilidade na gestão ESG 177
3.2.1 Ambiental 179
3.2.2 Social 179
3.2.3 Governança 180
3.3 ESG e inovação: como a tecnologia pode ajudar no desenvolvimento do agronegócio 183
3.4 A rastreabilidade das ações ESG no agronegócio 185
3.4.1 A rastreabilidade dos alimentos 185
3.5 Estudo de caso: empresa ManejeBem – a utilização da tecnologia para alcance da sustentabilidade no agronegócio 187
3.6 Produção ecológica e a agropecuária sustentável 194
3.6.1 Agricultura orgânica 194
3.7 Certificações: agronegócio sustentável 198
3.8 Resumo 205
3.9 Referências bibliográficas 205

INTRODUÇÃO

Seja muito bem-vindo ao livro "**Agronegócio: Gestão, Transformação Digital e Sustentabilidade**", uma obra destinada a proporcionar um panorama completo e atualizado sobre o universo do agronegócio, focalizando a gestão do agronegócio e conectado com as tecnologias emergentes, a busca pela inovação e a sustentabilidade.

O livro está estruturado em três grandes partes, cada uma delas tratando de uma dimensão fundamental do agronegócio, onde cada parte do livro inclui um resumo em tópicos, para facilitar a revisão do conteúdo, e um estudo de caso, para aproximar a teoria da prática.

Na primeira parte, conduzida pelo Professor Dr. Argus Cezar da Rocha Neto, mergulhamos no universo do agronegócio, entendendo sua importância, seu funcionamento e suas possibilidades. Abordamos as questões políticas e econômicas envolvidas, as perspectivas do mercado de trabalho, as cadeias agroalimentares globais e a influência do agronegócio nacional. Exploramos também a comunicação no setor e a diplomacia ambiental, bem como as inovações tecnológicas que estão moldando o futuro do agronegócio.

Em seguida, na segunda parte, o Professor Douglas De Matteu, PhD, nos guia pelos importantes caminhos da gestão no agronegócio. Da relevância da gestão a sua prática no dia a dia, discutimos aspectos-chave como o planejamento estratégico, os objetivos, a eficiência e a eficácia. Abordamos também as diversas áreas da gestão, incluindo qualidade, marketing, gestão de pessoas, logística, gestão de projetos, contabilidade e finanças. Vamos exploramos a inovação e a tecnologia na gestão, com foco na gestão 4.0 e 5.0, oferecendo um olhar atualizado e prático, além de um guia de perguntas para orientar o gestor a respeito de seu papel dentro das organizações.

Na terceira e última parte do livro, quem escreve é a Professora Drª Caroline Luiz Pimenta, que se dedica à sustentabilidade e à inovação. Nesta parte vamos entender a importância da sustentabilidade, discutir sua aplicação na gestão e no agronegócio e abordar oportunidades de negócios ligadas ao forte movimento proposto pelo ESG. Nesse capítulo, debatemos um pouco sobre legislação e agronegócio, produção ecológica e agricultura sustentável, e a inovação e tecnologia a serviço da sustentabilidade.

Lançamos agora o convite aos leitores, para colher junto conosco as lições deste rico solo que é o universo do agronegócio. Atravessaremos as ondas de desafios e os mares de oportunidades que essa vital seara da nossa economia oferece. Estamos confiantes de que as sementes de conhecimento, aqui cultivados, podem nutrir e enriquecer a sua formação e desempenho profissional, além de ofertar uma valorizada contribuição para o agronegócio nacional. Diante do exposto, incentivamos você a se dedicar a esta obra, assim como o fazendeiro dedica-se ao seu campo, com esmero e persistência, pois sabemos que a colheita será proveitosa e valiosa para a sua jornada profissional e pessoal.

Boa leitura e boa colheita!
Os autores

AGRONEGÓCIO

1.1 A importância do agronegócio: um panorama mundial

O agronegócio é um setor fundamental para a humanidade, desempenhando um papel essencial na segurança alimentar, no desenvolvimento econômico, no comércio internacional e na busca por práticas agrícolas sustentáveis. Neste contexto, o agronegócio tem grande destaque mundial, impactando e trazendo benefícios em diversas áreas, como a segurança alimentar, desenvolvimento econômico regional, balança comercial internacional, bem como para desenvolvimento de novas tecnologias.

A segurança alimentar é uma preocupação global, especialmente à medida que a população mundial continua a crescer. O agronegócio é responsável por produzir grande parte dos alimentos consumidos em todo o mundo. Na produção de grãos, carne, frutas, vegetais ou laticínios, o agronegócio desempenha um papel crucial, na garantia de que as pessoas tenham acesso a alimentos nutritivos e em quantidades suficientes. Por meio de técnicas avançadas de produção, melhoramento genético e adoção de práticas sustentáveis, o setor agrícola tem sido capaz de aumentar a produtividade e suprir as necessidades alimentares da humanidade.

O agronegócio impulsiona a economia de muitos países, especialmente aqueles com recursos naturais favoráveis à agricultura. A produção agrícola não apenas gera receita para os agricultores, mas também impulsiona toda uma cadeia produtiva que envolve empresas de insumos agrícolas, indústrias de processamento de alimentos, transporte, logística e distribuição. Além disso, o agronegócio cria empregos nas áreas rurais, contribuindo para a redução da pobreza e o crescimento econômico local. O setor agrícola também pode estimular o desenvolvimento de outras indústrias relacionadas, como a fabricação de maquinário agrícola e tecnologias inovadoras.

O comércio agrícola desempenha um papel significativo nas relações internacionais e na economia global. Países exportadores de produtos agrícolas se beneficiam ao vender seus produtos para mercados estrangeiros, gerando receitas e fortalecendo suas balanças comerciais. O agronegócio promove a interdependência econômica entre nações, criando laços comerciais e promovendo o desenvolvimento de relações diplomáticas. O comércio internacional de produtos agrícolas permite que países com diferentes recursos e climas troquem alimentos, garantindo uma diversidade de produtos disponíveis globalmente e ajudando a superar escassez e desequilíbrios sazonais de oferta e demanda.

O agronegócio está constantemente buscando inovações e soluções sustentáveis para enfrentar desafios como a mudança climática, o esgotamento de recursos naturais e a preservação da biodiversidade. Investimentos em pesquisa e desenvolvimento levaram a avanços significativos na agricultura, desde a introdução de sementes transgênicas e técnicas de cultivo de precisão até a implementação de práticas agrícolas sustentáveis, como a agricultura orgânica e a conservação do solo. Essas inovações permitem aumentar a produtividade de forma sustentável, reduzir o uso de insumos químicos prejudiciais ao meio ambiente e garantir a preservação dos recursos naturais para as futuras gerações.

Um estudo do United States Department of Agriculture (USDA) indica que a produção mundial de alimentos precisará aumentar para atender à crescente demanda até 2026/2027. Conforme demonstrado na Figura 3, o Brasil se destaca como líder desse crescimento, projetando uma ampliação de 41% na produção durante esse intervalo. Isso ressalta a relevância do Brasil no cenário global do agronegócio.

Figura 1: USDA – Projeção da produção de alimentos até 2026/27[1]

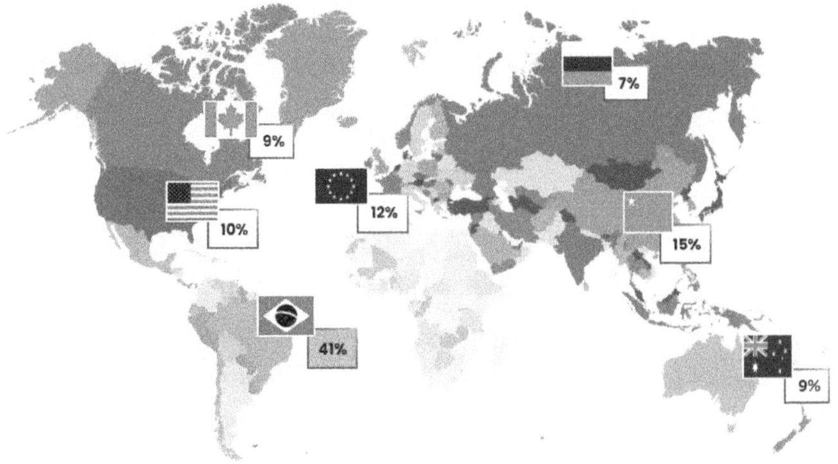

9%

10%

12%

7%

15%

41%

9%

PORCENTAGEM (%) DO AUMENTO DA PRODUÇÃO

Fonte: USDA, USDA Agricultural Projections to 2026. Long-term Projections Report N° OCE-2017-1. Fev. 2017. Elaboração: FGV Agro.

1.2 Definição e conceitos de agronegócio

O agronegócio pode ser definido como o conjunto de atividades que envolvem a produção, processamento, distribuição e comercialização de produtos agropecuários, desde a matéria-prima até o produto final. Abrange desde a agricultura e pecuária até a indústria de alimentos, a logística de trans-

[1] Números do Agro. https://www.abagrp.org.br/numeros-do-agro#:~:text=Em%202022%20o%20super%C3%A1vit%20foi,80%2C1%20bilh%C3%B5es%20de%20d%C3%B3lares.

porte e os serviços relacionados. O agronegócio engloba tanto os aspectos econômicos quanto os sociais e ambientais, relacionados à produção agropecuária. Composto por diferentes segmentos interconectados, que trabalham juntos, para levar os produtos do campo à mesa. Esses componentes incluem:

1. **Agricultura e pecuária:** atividades de produção de culturas agrícolas, como grãos, frutas, vegetais, café, cana-de-açúcar, entre outros, e a criação de animais para carne, leite, ovos, entre outros produtos agropecuários.
2. **Indústria de insumos agrícolas:** produção e distribuição de insumos necessários à agricultura, como sementes, fertilizantes, defensivos agrícolas, maquinário agrícola e equipamentos.
3. **Agroindústria:** setor responsável pelo processamento dos produtos agropecuários, transformando-os em alimentos processados, bebidas, produtos lácteos, carnes processadas, entre outros.
4. **Logística e distribuição:** compreende o transporte, armazenamento e distribuição dos produtos agropecuários, desde as áreas de produção até os pontos de venda, tanto dentro do país quanto no comércio internacional.
5. **Comércio e marketing:** envolve as atividades de comercialização dos produtos agropecuários, incluindo a negociação, venda, compra, importação e exportação, bem como o marketing e a promoção dos produtos para atender às demandas do mercado.

O funcionamento do agronegócio envolve uma série de etapas interligadas, nas quais o processo começa com a produção agrícola e pecuária, em que os agricultores cultivam as lavouras ou criam animais para obter produtos agropecuários. Em seguida, os produtos são colhidos, processados ou transformados pela indústria agroindustrial em alimentos ou outros produtos derivados. Após o processamento, os produtos são distribuídos por meio de uma rede logística que inclui transporte, armazenamento e distribuição, garantindo que eles cheguem aos mercados e consumidores finais.

O comércio e o marketing desempenham um papel importante na negociação e promoção desses produtos, visando atender às demandas do mercado nacional e internacional. É importante ressaltar que o agronegócio também envolve a gestão de riscos, como variações climáticas, pragas, doenças, flutuações de preços e regulamentações governamentais, e, assim, faz-se importante que os produtores e empresas do agronegócio adotem estratégias para mitigar esses riscos e garantir a sustentabilidade e a rentabilidade do negócio.

1.2.1 Histórico brasileiro no agronegócio

O processo de industrialização no Brasil teve início na década de 1960 e foi intensificado na década de 1970. No entanto, não ocorreu o esperado crescimento da produtividade geral da economia e da transformação estrutural. Desde o final da década de 1970, a produtividade do trabalho no Brasil tem se mantido abaixo da produção de muitas economias similares, representando atualmente cerca de um quarto da média da produtividade do trabalho nos países da Organização para a Cooperação e Desenvolvimento Econômico (OCDE). Além disso, o crescimento econômico observado no Brasil, durante a década de 2000, com uma taxa anual de 0,3% entre 2002 e 2014, não foi resultado do crescimento da produtividade do trabalho, mas sim do aumento do emprego. Apenas 10% do crescimento do PIB pode ser atribuído à produtividade do trabalho. Além disso, a participação do setor manufatureiro, no PIB brasileiro, diminuiu de 18% para cerca de 11% entre 1995 e 2014, enquanto o setor de serviços, que representava menos de 55% em 1995, alcançou mais de 65% em 2014, conforme relatório do Banco Mundial de 2016.

Durante o período compreendido entre 2003 e 2010, quando a economia brasileira, como um todo, registrou um crescimento anual de 4%, menos de 0,5 pontos percentuais por ano decorreram de melhorias na Produtividade Total dos Fatores (PTF). A maior parte desse crescimento foi atribuída ao aumento da força de trabalho e da participação na força de trabalho. Ao considerar um período ligeiramente mais abrangente, de 2002 a 2014, a contribuição da PTF foi ainda mais reduzida, totalizando aproximadamente 0,3 pontos percentuais por ano (Banco Mundial, 2016).

Uma das razões para o fraco desempenho da produtividade na economia brasileira, nas últimas décadas, reside no setor manufatureiro. O aumento da produtividade na economia brasileira tem ocorrido apenas por meio do "efeito intrassetorial", o qual significa que o incremento da produtividade decorre do aumento da produção agregada e impulsionada pelo setor mais produtivo, em contraste com o "efeito intersetorial" (ou mudança estrutural), que ocorre quando o crescimento produtivo provém de setores distintos dos tradicionalmente altamente produtivos. Tradicionalmente, a mudança estrutural ocorre quando o setor agrícola primário se torna mais produtivo (mediante tecnologias que preservam empregos) e acaba "exportando" empregos para o setor manufatureiro, o qual, por sua vez, exporta empregos para o setor de serviços, o último setor a se desenvolver e expandir com base no aumento de empregos. No Brasil, durante a última década, o setor agrícola tem sido um gerador líquido de empregos (importando, ao invés de exportar, empregos para outros setores).

Isto se torna ainda mais impressionante se analisarmos estes resultados ao longo das últimas três décadas. O Brasil tornou-se o maior produtor mundial de cana-de-açúcar, café, frutas tropicais e suco de laranja concentrado e congelado, e mantém o maior rebanho comercial de bovinos do mundo, com 210 milhões de cabeças. O Brasil também é um importante produtor de soja, milho, algodão, cacau, tabaco e produtos florestais. O aumento da produção resultou na redução dos preços reais internos dos alimentos entre 1975 e 2000, especialmente para itens como açúcar, arroz, banana, batata, café, feijão, laranja, tomate, cenoura e alface (Barros, 2002).

Essa redução nos preços dos alimentos também foi acompanhada por uma diminuição na volatilidade dos valores dos alimentos, beneficiando não apenas a população rural, mas também os grandes centros urbanos. Neste período (2000 a 2023), a produtividade agrícola aumentou em mais de 105%, em contraste menos de 15% no setor de serviços, e uma diminuição de 5,5% no setor manufatureiro. O impacto do forte crescimento da produtividade na agricultura, para o crescimento geral da produtividade foi significativo, uma vez que, embora a agricultura represente apenas cerca de 8% do PIB, sua contribuição eleva-se a, aproximadamente, 30% do PIB quando o agronegócio é incluído (FAO, 2023).

Em adição, de acordo com Gasques *et al.* (2012), houve um aumento de 109% na Produtividade Total dos Fatores (PTF) da agricultura brasileira ao longo dos últimos 25 anos, resultando em um crescimento de 232% na produção total, isto é, na produção animal e agrícola. Esses avanços são amplamente impulsionados pela adoção de novas tecnologias e pelo aumento do uso de insumos agrícolas, acarretando em aumentos significativos no valor da produção agrícola, bem como no saldo líquido do comércio de alimentos do Brasil. Destaca-se ainda o setor comercial robusto e voltado para a exportação do agronegócio brasileiro, o qual desempenha um papel crucial ao suprir alimentos e fibras para diversos países que têm limitações em termos de capacidade ou habilidade para atender às suas necessidades de consumo por meio da produção doméstica. Um exemplo notável é o setor de exportação de soja, que atualmente registra um volume oitenta vezes superior ao de quarenta anos atrás, em que em 1970 o país não dispunha de uma produção expressiva, mas hoje é o segundo maior produtor mundial, ficando atrás apenas dos Estados Unidos da América, com um total de 65 milhões de toneladas produzidas em 2021 (FAO, 2023).

A seguir, observamos que o Brasil é o maior produtor mundial de suco de laranja, café, soja e açúcar. O país ocupa a segunda posição na produção de carne de frango e bovina e também se destaca em exportações, conforme ilustrado na Figura 2:

Figura 2: Produção e exportação do Brasil[2]

	PRODUÇÃO % total mundial	20/21	EXPORTAÇÃO % total mundial	20/21
Suco Laranja	66%	1º	72%	1º
Café	40%	1º	32%	1º
Soja	37%	1º	55%	1º
Açúcar	23%	1º	51%	1º
Carne boi	16%	2º	20%	1º
Carne frango	15%	2º	32%	1º
Milho	10%	3º	21%	4º
Carne suína	4%	4º	11%	4º

Fonte: USDA. Elaboração: GV Agro. Adaptado por: ABAG/RP.

Podemos também observar na Figura 2 os impactos na Balança Comercial indicando o crescimento[3].

Figura 3: Desempenho do Comércio Exterior Brasileiro (US$ bilhões)

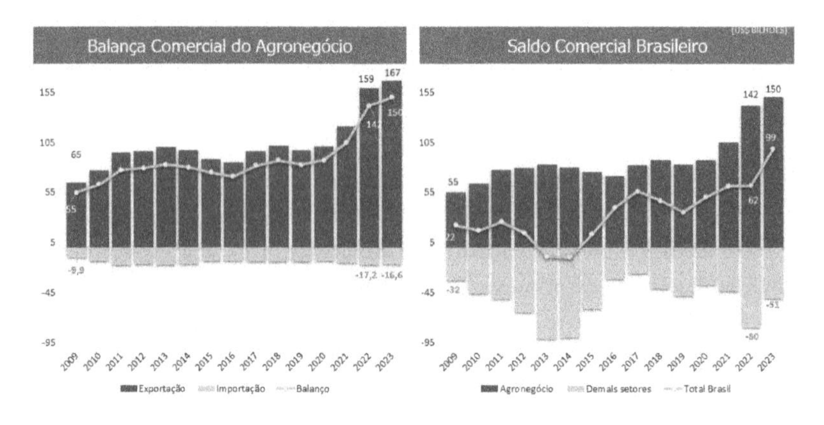

Fontes: Mapa e MDIC. Elaboração: FGV Agro.

---

[2] Números do Agro. https://www.abagrp.org.br/numeros-do-agro#:~:text=Em%202022%20o%20super%C3%A1vit%20foi,80%2C1%20bilh%C3%B5es%20de%20d%C3%B3lares.

[3] Números do Agro. https://www.abagrp.org.br/numeros-do-agro#:~:text=Em%202022%20o%20super%C3%A1vit%20foi,80%2C1%20bilh%C3%B5es%20de%20d%C3%B3lares.

1.2.2 A revolução verde (e amarela)

1.2.2.1 A revolução verde no mundo

Ao longo dos últimos 50 anos, o mundo em desenvolvimento testemunhou um período extraordinário de crescimento da produtividade de culturas alimentares, apesar da escassez crescente de terras e do aumento dos valores das terras. Embora as populações tenham mais do que dobrado, a produção de culturas, de um modo geral, triplicou nesse período, com um aumento de apenas 30% na área cultivada (FAO, 2023). As previsões sombrias de uma fome, antes feitas por especialistas, foram contraditas, e grande parte do mundo em desenvolvimento conseguiu superar seus déficits crônicos de alimentos.

Grande parte do sucesso foi causado pela combinação de altas taxas de investimento em pesquisa de culturas, infraestrutura e desenvolvimento de mercado, além do apoio político adequado que ocorreu durante a primeira Revolução Verde (RV). O grande investimento público no melhoramento genético de culturas baseou-se nos avanços científicos já realizados no mundo desenvolvido para as principais culturas básicas — trigo, arroz e milho — e adaptou esses avanços às condições dos países em desenvolvimento (Hazell, 2010).

A estratégia da RV para o crescimento da produtividade de culturas alimentares baseava-se explicitamente na premissa de que, dada a existência de mecanismos institucionais apropriados, as transferências de tecnologia entre fronteiras políticas e agroclimáticas poderiam ser capturadas. No entanto, nem empresas privadas, nem governos nacionais tinham incentivo suficiente para investir em toda a pesquisa e desenvolvimento desses bens públicos internacionais. Empresas privadas que operam por meio de mercados têm interesse limitado em bens públicos, pois não têm capacidade de capturar grande parte do benefício por meio de reivindicações proprietárias; além disso, devido à natureza global e não rival dos produtos de pesquisa, nenhuma nação individual tem incentivo para investir recursos públicos nesse tipo de pesquisa.

Instituições de bens públicos internacionais eram necessárias para preencher essa lacuna, e esforços para desenvolver a capacidade institucional necessária, especialmente no melhoramento de plantas, foram uma parte central da estratégia da RV. Com base nos primeiros sucessos com o trigo, no Centro Internacional de Melhoramento de Milho e Trigo (CIMMYT), no México, e o arroz, no Instituto Internacional de Pesquisa do Arroz (IRRI), nas Filipinas, o Grupo Consultivo para Pesquisa Agrícola Internacional (CGIAR) foi estabelecido especificamente para gerar transferências tecnológicas para países que investem pouco em pesquisa agrícola, pois não conseguem capturar todos os benefícios desses investimentos (Conway, 2012). Após o conhecimento, invenção e produtos gerados pelo CGIAR, como linhagens de melhoramento, serem disponibilizados publicamente, os setores público e privado nacionais responderam com investimentos para adaptação, disseminação e entrega de tecnologia. Em adição, há vasta literatura acadêmica que corrobora extensamente com outros casos mais notáveis da RV, desde a América Latina até o Sul e Sudeste Asiático (Niazi, 2009; Davies, 2003; Evenson e Gollin, 2003).

Apesar desse sucesso, no período pós-RV, o investimento na agricultura diminuiu drasticamente até meados dos anos 2000 (Herdt, 2010), e, ao mesmo tempo, são observadas várias críticas a este modelo, variando desde a imposição de mercados (Patel, 2013) até a reprodução de possíveis desigualdades sociais e econômicas (Pearse, 1980), seus efeitos sobre a fome (Cullather, 2010), desenvolvimento nacional (Griffin, 1974; Dahlberg, 1979) e consequências ambientais (Shiva, 2016).

Assim, percebe-se a necessidade de investimentos contínuos em inovação agrícola, em que o crescimento da produtividade é tão importante hoje quanto nos primeiros anos da RV. Países de baixa renda e regiões em desenvolvimento de economias emergentes continuam a depender da produtividade agrícola como motor de crescimento e redução da fome (Johnston & Mellor, 1961; Lipton, 2005). No entanto, sustentar ganhos de produtividade, melhorar a competitividade dos pequenos agricultores e se adaptar às mudanças climáticas estão se tornando preocupações cada vez mais urgentes em todos os sistemas de produção.

Desde meados dos anos 2000, e intensificado após os aumentos nos preços dos alimentos em 2008, houve um renovado interesse em investimentos agrícolas, traduzindo-se em pedidos para a próxima RV. Ao mesmo tempo, reconhecem-se as limitações da primeira RV e a necessidade de soluções alternativas que corrijam essas limitações e consequências não intencionais (Banco Mundial, 2008).

1.2.2.2 A revolução verde: os impactos na produtividade e preço dos alimentos

O rápido aumento na produção agrícola resultante da RV veio de um impressionante aumento na produtividade por hectare. Entre 1960 e 2000, a produtividade para todos os países em desenvolvimento aumentou 208% para trigo, 109% para arroz, 157% para milho, 78% para batatas e 36% para mandioca (FAO, 2023). Os países em desenvolvimento do Sudeste Asiático e a Índia foram os primeiros a mostrarem o impacto das variedades da RV nas safras de arroz, com a China e outras regiões asiáticas experimentando um crescimento ainda maior nas décadas seguintes (Cassman & Pingali, 1995). Tendências semelhantes de produtividade também foram observadas para trigo e milho na Ásia (FAO, 2023). Análises da produtividade total dos fatores agrícolas (PTFA) encontram tendências semelhantes às tendências de produtividade parcial capturadas pela produtividade por hectare. Para o período de 1970 a 1989, a mudança na PTFA global para a agricultura foi de 0,87%, quase dobrando para 1,56% de 1990 a 2006 (Fuglie, 2010).

O aprimoramento genético das culturas focou, principalmente, a produção de variedades de alto rendimento, mas a diminuição do tempo até a maturidade também foi uma melhoria importante para muitas culturas, permitindo um aumento na intensidade de cultivo. A rápida expansão do sistema arroz-trigo nas Planícies Indo-Gangéticas (do Paquistão a Bangladesh) pode ser atribuída à redução do período de crescimento das culturas (Pingali & Shah, 1998). Outros insumos aprimorados, incluindo fertilizantes, irrigação e, em certa medida, agrotóxicos, também foram componentes críticos da intervenção da RV. A Ásia já havia investido significativamente em infraestrutura de irrigação no início da RV e continuou a fazê-lo durante os períodos da RV e pós-RV. A ampla adoção das tecnologias da RV levou a uma mudança significativa na função de oferta de alimentos, contribuindo para uma queda nos preços reais dos alimentos na época (Herdt, 2010). Entre 1960 e 1990, o suprimento de alimentos nos países em desenvolvimento aumentou 12-13% (Webb, 2009). Estima-se que, sem os esforços do CGIAR e dos programas nacionais de melhoria do germoplasma das culturas, a produção de alimentos nos países em desenvolvimento teria sido quase 20% menor (exigindo outros 20-25 milhões de hectares de terra, cultivada em todo o mundo) (Stevenson *et al.*, 2011). Os preços mundiais de alimentos e ração teriam sido 35-65% mais altos, e a disponibilidade calórica média teria diminuído 11-13% (Evenson & Rosegrant, 2003).

1.2.2.3 A revolução verde: os impactos na nutrição humana e o combate à fome

Entre 1960 e 1990, a proporção de pessoas subnutridas no mundo diminuiu significativamente (Webb, 2009). A maior disponibilidade e a queda nos preços dos alimentos básicos melhoraram drasticamente o consumo de energia e proteínas dos pobres. As maneiras pelas quais a RV melhorou os resultados nutricionais dependiam se um domicílio era produtor líquido ou consumidor líquido; no entanto, para praticamente todos os consumidores, as mudanças no suprimento e o aumento da renda real, proporcionado pela RV, tiveram implicações nutricionais positivas (Fan & Brzeska, 2009). Vamos exemplificar: um estudo de duração de 10 anos, no sul da Índia, constatou que o aumento na produção de arroz, resultante da disseminação das variedades de alto rendimento, representou cerca de um terço do substancial aumento no consumo de energia e proteínas, tanto dos agricultores como dos trabalhadores sem-terra, controlando as mudanças nas fontes de renda não agrícola (Pinstrup-Andersen & Jaramillo, 1991).

A queda nos preços dos alimentos básicos, resultante da RV, também permitiu uma diversificação mais rápida da dieta, mesmo entre as populações pobres, pois as economias nos gastos com alimentos básicos melhoraram o acesso a alimentos ricos em micronutrientes. Outro bom exemplo a ser mencionado é no Bangladesh, onde a queda constante nos preços reais do arroz, de 1992 a 2000, levou a um aumento nos gastos *per capita* com alimentos não baseados em arroz, e a uma melhoria significativa no estado nutricional das crianças. A quantidade de arroz consumida não mudou, mas os domicílios gastaram mais em alimentos não baseados em arroz à medida que seus gastos com arroz diminuíram (Torlesse *et al.*, 2003).

Apesar disso, sabe-se hoje que os ganhos nutricionais da RV foram desiguais; embora o consumo calórico geral tenha aumentado, a diversidade da dieta diminuiu para muitas pessoas pobres, e a desnutrição por micronutrientes persistiu. Em alguns casos, culturas tradicionais que eram fontes importantes de micronutrientes essenciais como ferro, vitamina A e zinco foram substituídas por culturas básicas de maior valor (Webb, 2009). Um bom exemplo disso são os sistemas intensivos de monocultura de arroz que levaram à perda de vegetais folhosos selvagens e peixes que os pobres anteriormente colhiam nos arrozais das Filipinas (Cagauan, 1995). Os efeitos dos preços dessas mudanças no suprimento também limitaram o acesso a micronutrientes, pois os preços de alimentos ricos em micronutrientes aumentaram em relação aos alimentos básicos, em muitos lugares. Na Índia, o aumento do preço das leguminosas tem sido associado a uma consequente queda no consumo de lentilhas em todos os grupos de renda (Webb, 2009).

Impedimentos políticos e estruturais, assim como a fragilidade do setor privado, limitaram a capacidade de resposta do fornecimento de vegetais e outros alimentos não básicos. Políticas que promoveram a produção de culturas básicas, como subsídios para fertilizantes e crédito, apoio de preços e infraestrutura de irrigação, especialmente para o arroz, tendiam a reduzir a produção de culturas não básicas tradicionais, como leguminosas e feijões, em diversas partes do mundo. Evidências mais recentes sugerem que as dietas estão se deslocando na Ásia urbana e também rural para incluírem menos cereais e mais leite, carne, vegetais e frutas. Evidências da Índia mostram um aumento significativo no consumo de proteínas e gorduras, entre 1975 e 1995, em todos os grupos de renda, sugerindo que todos os consumidores se beneficiaram de algumas melhorias nutricionais (Shetty, 2002). No entanto, as deficiências de micronutrientes entre os pobres persistem, indicando que essa mudança na dieta ainda não compensou completamente a queda na ingestão de vitaminas associada a dietas dominadas por cereais (Hazell, 2010).

1.2.2.4 A revolução verde: os impactos no meio ambiente

A intensificação impulsionada pela RV salvou novas terras da conversão para a agricultura, uma conhecida fonte de emissões de gases de efeito estufa e impulsionadora das mudanças climáticas, e permitiu a liberação de terras marginais da produção agrícola para fornecer serviços ecossistêmicos alternativos, como a regeneração da cobertura florestal. As variedades de alto rendimento mais responsivas aos insumos externos foram fundamentais para os avanços na produtividade; no entanto, em muitos casos, pesquisas adequadas e políticas para incentivar o uso criterioso dos insumos eram amplamente ausentes (Pingali, 2007). As consequências não intencionais do uso da água, degradação do solo e escoamento químico tiveram sérios impactos ambientais além das áreas cultivadas (Burney *et al.*, 2010). A desaceleração no crescimento da produtividade observada desde meados da década de 1980 pode ser atribuída, em parte, à degradação mencionada da base de recursos agrícolas. Esses custos ambientais são amplamente reconhecidos como potencial ameaça para a sustentabilidade em longo prazo e a replicação do sucesso da RV (Pingali, 2007).

Podemos dizer que grande parte das consequências ambientais não foi causada pela tecnologia da RV em si, mas sim pelo ambiente político que promoveu o uso imprudente e excessivo de insumos e a expansão do cultivo em áreas que não poderiam sustentar altos níveis de intensificação, como as terras inclinadas. A proteção de preços de saída e os subsídios de insumos, especialmente para fertilizantes, pesticidas e água de irrigação, distorceram os incentivos no nível da propriedade para a adoção de práticas que aumentariam a eficiência no uso de insumos e, assim, contribuiriam para a sustentação da base de recursos agrícolas. Quando os incentivos políticos foram corrigidos, os agricultores rapidamente mudaram de comportamento e adotaram práticas mais sustentáveis.

À luz de tudo o que fora exposto, podemos perceber que o objetivo original da Revolução Verde (RV) era intensificar onde os retornos seriam altos, com foco em áreas irrigadas ou de alta pluviosidade. Os programas internacionais de melhoramento visavam fornecer germoplasma amplamente adaptável que pudesse ser cultivado em diversas regiões, mas a adoção foi maior em áreas favoráveis. As tecnologias, no período da RV, não se concentraram nas restrições à produção em ambientes mais marginais, especialmente a tolerância a estresses como seca ou inundação. Enquanto as variedades de alto rendimento de trigo proporcionaram ganhos de produtividade de 40% em áreas irrigadas com uso modesto de fertilizantes, em áreas secas, os ganhos geralmente não ultrapassaram 10% (Pingali, 2007). Quase toda a adoção de variedades de trigo e arroz de alto rendimento havia sido alcançada em ambientes irrigados até meados da década de 1980, mas a adoção em ambientes com chuvas escassas ou controle deficiente de água, no caso do arroz, era muito baixa (Byerlee, 1996).

Com mais frequência, os ambientes marginais foram deixados para trás, porque as restrições climáticas e de recursos eram tais que os retornos do investimento em variedades da RV eram baixos. Apesar da adoção relativamente baixa de variedades melhoradas, as pessoas que vivem em ambientes marginais se beneficiaram da RV por meio de vínculos de consumo e salariais, como preços mais baixos dos alimentos. O emprego agrícola e o crescimento da economia rural não agrícola proporcionaram benefícios de mão de obra para os pobres rurais sem terra e para as pessoas que vivem em ambientes de produção marginal.

Observa-se que os ambientes menos favorecidos representam um desafio tremendo tanto para pesquisadores quanto para formuladores de políticas, a fim de identificar novas oportunidades de pesquisa e desenvolvimento agrícola (P&D), e facilitar a adoção de tecnologias e instituições adequadas para atender às necessidades dos pobres que vivem nessas áreas. No período pós-

-RV, novos investimentos em P&D para culturas tolerantes a estresses e o aumento da demanda por grãos para ração animal têm mudado as perspectivas para a produção agrícola em áreas marginais. Variedades resistentes à seca e a pragas, como o arroz tolerante à submersão e o milho tolerante à seca, oferecem opções que reduzem os riscos dos agricultores e melhoram os incentivos para investir em tecnologias que aumentam a produtividade (Dercon, 2009). A mudança nos contextos de mercado também cria novas oportunidades para os agricultores, em áreas mais marginais, produzirem para os mercados de ração animal e biocombustíveis.

1.2.2.5 A nova revolução verde 2.0

A nova revolução verde já está acontecendo, tanto em países subdesenvolvidos quanto em economias emergentes. Países subdesenvolvidos, muitos deles na África subsaariana, ainda possuem sistemas agrícolas produtivos muito baixos. Nessas áreas, a fome crônica e a pobreza continuam sendo problemas assustadores, e eles enfrentam os obstáculos de longa data para o aumento do crescimento da produtividade, como a falta de tecnologia, infraestrutura de mercado precária, instituições inadequadas e um ambiente político favorável. As economias emergentes, incluindo grande parte da Ásia, onde os ganhos da primeira RV foram concentrados, estão bem encaminhadas para a modernização agrícola e a transformação estrutural. O desafio para a agricultura agora é integrar os pequenos agricultores às cadeias de valor, manter sua competitividade e reduzir a disparidade de renda entre áreas urbanas e rurais, algo que se observa, em grande parte, aqui em solo brasileiro. O aumento no fornecimento de culturas básicas e a manutenção dos ganhos de produtividade continuam sendo importantes, apesar da diminuição do consumo *per capita* de cereais, para atender às demandas do crescimento populacional e da demanda por grãos para ração animal.

Uma confluência de fatores tem gerado um renovado interesse na agricultura e impulsionado os estágios iniciais da RV 2.0 nos últimos anos. Nos países subdesenvolvidos, os níveis contínuos de déficit alimentar e a dependência de ajuda alimentar e importações de alimentos reintroduziram a agricultura como um motor de crescimento na agenda política. Líderes africanos reconheceram que a agricultura desempenha um papel crítico em seu processo de desenvolvimento e que a falta de investimento no setor só os deixaria mais para trás. Também há uma conscientização crescente sobre os impactos prejudiciais das mudanças climáticas na segurança alimentar, especialmente para os sistemas agrícolas tropicais em países de baixa renda.

Por outro lado, nas economias emergentes, o crescente interesse do setor privado em investir no setor agrícola tem criado um renascimento agrícola. Os supermercados estão se espalhando rapidamente nas áreas urbanas das economias emergentes e estimulando investimentos agroindustriais nacionais e multinacionais, ao longo das cadeias de valor de produtos frescos nesses países. Como consequência, os sistemas tradicionais de culturas básicas estão se diversificando para a horticultura de alto valor agregado e a produção pecuária. O setor privado também fez investimentos significativos em outras culturas comerciais para fibra e biocombustíveis. Por exemplo, a pesquisa e desenvolvimento privados e as cadeias de suprimentos têm sido os principais impulsionadores do rápido aumento da produção de algodão transgênico (tecnologia Bt) na Ásia e na América Latina (Pray, 2001). Apesar desses desenvolvimentos positivos, diferenças inter-regionais em produtividade e pobreza persistem em muitas economias emergentes. A crescente demanda por ração animal, biocombustíveis e avanços tecnológicos, no melhoramento de culturas tolerantes a estresses, podem resultar em uma revitalização dessas áreas.

Por fim, em nível global, houve um aumento na escassez de alimentos impulsionada pelo crescimento populacional e de renda, bem como pelo desvio de grãos para biocombustíveis e ração animal. Como consequência, a tendência em longo prazo de queda nos preços reais dos alimentos, observada em todo o mundo desde 1975, estabilizou-se em 2005 (Banco Mundial, 2007), sendo uma tendência para os próximos anos, demonstrado pela crise dos preços dos alimentos em 2008, em que os valores elevados foram sustentados – e, mais recentemente, os picos observados em 2011 e 2012 –, trazendo a agricultura de volta às agendas globais e nacionais (FAO, 2023).

Até 2050, prevê-se que a população global aumente cerca de um terço, o que exigirá um aumento de 70% na produção de alimentos (FAO, 2009). Para atender a essa necessidade, a RV 2.0 deve continuar a se concentrar na ampliação da fronteira de rendimento dos principais produtos básicos. Aumentar a produtividade dos cereais não apenas atende à demanda por alimentos básicos, mas também permite a liberação de terras para a diversificação em culturas de alto valor agregado e a migração de mão de obra para fora da agricultura, onde outras oportunidades econômicas oferecem retornos maiores. A RV 2.0 também deve se concentrar em melhorar a tolerância a estresses, tanto climáticos quanto bióticos (pragas e doenças). Variedades aprimoradas que são tolerantes à seca ou submersão aumentam a produtividade dos pequenos agricultores em ambientes marginais e fornecem ferramentas para adaptação às mudanças climáticas. Epidemias como a recente infestação de ferrugem-do-trigo (UG-99), uma nova cepa virulenta resistente a variedades aprimoradas, que surgiu em um momento no qual a pesquisa sobre resistência à ferrugem havia praticamente parado (presumindo que o problema havia sido resolvido), destacam a necessidade de investimentos contínuos para manter a resistência a pragas e doenças e evitar futuras pandemias. Por fim, tecnologias para aumentar a eficiência do uso de insumos e melhorar as práticas de manejo são necessárias para garantir a competitividade e a sustentabilidade dos sistemas de produção.

A pesquisa de bens públicos internacionais continua desempenhando um papel fundamental, mas, em contraste com a primeira RV, o contexto em que o CGIAR opera mudou significativamente. As instituições nacionais de pesquisa agrícola (SNPA) em muitos países emergentes se tornaram líderes em pesquisa por conta própria, o que é especialmente verdadeiro para a China e o Brasil, haja vista o exemplo da Empresa Brasileira de Pesquisa Agropecuária (Embrapa), referência não apenas em nosso país, mas em todo o mundo. Novas parcerias podem canalizar a expertise do setor privado e os programas nacionais avançados em países emergentes para beneficiar os países de baixa renda.

Finalmente, a compreensão aprimorada das agroecologias tropicais e subtropicais é um importante bem público global que contribui para a inovação e novas práticas sustentáveis de gestão de recursos. O enfoque da pesquisa de bens públicos globais, no manejo de recursos, deve estar nessa geração estratégica de conhecimento, que pode se tornar um importante ponto de contato entre a pesquisa para o desenvolvimento agrícola e as comunidades acadêmicas e científicas mais amplas que são importantes para a ciência.

1.2.2.6 O agronegócio nacional atual: uma abordagem do exemplo brasileiro pós-RV

O Brasil é reconhecido como uma potência agrícola, e o agronegócio desempenha um papel fundamental em sua economia e desenvolvimento, responsável por uma produção diversificada e volumosa de alimentos, atendendo tanto às necessidades internas do país quanto à demanda internacional. O Brasil é um dos principais produtores e exportadores de *commodities* agrícolas, como soja, milho, café, açúcar, carne bovina, frango e suínos. Essa produção robusta, como vimos anteriormente, impulsiona a economia, gera receitas e fortalece a balança comercial brasileira. O país é capaz de fornecer alimentos de alta qualidade e competitivos para o mundo, contribuindo para a segurança alimentar global. Um bom exemplo está no setor brasileiro de produção de soja: o Brasil é o segundo maior produtor mundial do grão, com safras recordes ano após ano. A expansão da área cultivada, aliada ao investimento em tecnologia e práticas sustentáveis, permitiu ao país aumentar significativamente sua produção e conquistar uma posição de destaque no mercado internacional.

O agronegócio é um dos principais geradores de empregos no Brasil, especialmente nas áreas rurais. A cadeia produtiva do setor envolve desde agricultores familiares até grandes empresas agroindustriais, proporcionando oportunidades de trabalho em diferentes segmentos. Além disso, o desenvolvimento do agronegócio impulsiona o crescimento econômico em regiões antes menos favorecidas, contribuindo para a redução da pobreza e a melhoria das condições de vida das comunidades rurais. Um ótimo exemplo é a produção de aves e suínos no Brasil, um caso notável de geração de empregos e desenvolvimento regional. A indústria avícola e suinícola brasileira cresceu significativamente nas últimas décadas, impulsionada pela demanda interna e externa por carne de aves e suínos. Esse crescimento gerou empregos diretos e indiretos em toda a cadeia, desde a produção de grãos para ração animal até a criação e o processamento de aves e suínos. Além disso, muitos municípios e regiões rurais experimentaram um desenvolvimento socioeconômico significativo, devido à instalação de granjas e agroindústrias. O agronegócio brasileiro tem se destacado no desenvolvimento e aplicação de tecnologias e práticas inovadoras. A adoção de técnicas avançadas de produção, como agricultura de precisão, uso de *drones*, sistemas de irrigação eficientes e maquinário agrícola moderno, tem aumentado a produtividade e reduzido os impactos ambientais.

A pesquisa e o desenvolvimento de novas variedades de cultivos resistentes a pragas e doenças têm impulsionado a eficiência e a qualidade da produção agrícola no país. A expansão da produção de cana-de-açúcar e a consolidação do setor sucroalcooleiro no Brasil são resultados da aplicação de tecnologias inovadoras. A mecanização da colheita, o uso de técnicas de plantio direto e a produção de biocombustíveis são exemplos de avanços tecnológicos adotados pelo setor. Essas inovações não apenas aumentaram a produtividade e a rentabilidade, mas também contribuíram para a redução das emissões de gases de efeito estufa e a sustentabilidade ambiental.

Assim, agronegócio desempenha um papel de destaque no Brasil, impulsionando a economia, gerando empregos, promovendo o desenvolvimento regional e incentivando a inovação tecnológica. Os exemplos de sucesso destacados neste capítulo demonstram a importância desse setor para o país, não apenas em termos de produção e exportação de alimentos, mas também no contexto socioeconômico e ambiental. O Brasil tem um imenso potencial no agronegócio e é fundamental continuar investindo e aprimorando esse setor para enfrentar os desafios futuros e garantir um desenvolvimento sustentável.

1.2.3 Políticas públicas e economia

O agronegócio é um setor estratégico para a economia de muitos países, e as políticas públicas desempenham um papel fundamental na promoção e no desenvolvimento desse setor. Aqui, abordaremos a relação entre o agronegócio, as políticas públicas e a economia, destacando a importância das políticas governamentais para impulsionar o crescimento e a sustentabilidade do agronegócio:

1. **Apoio governamental ao agronegócio:** os governos desempenham um papel crucial na formulação e implementação de políticas públicas voltadas para o agronegócio. Essas políticas podem abranger uma variedade de áreas, incluindo crédito agrícola, subsídios, seguro rural, pesquisa e desenvolvimento, infraestrutura, regulamentações sanitárias e fitossanitárias, entre outras. O objetivo dessas políticas é fornecer suporte e incentivos aos agricultores e empresas do agronegócio, visando promover a produção, a produtividade, a competitividade e a sustentabilidade do setor.
2. **Estímulo ao desenvolvimento econômico:** as políticas públicas direcionadas ao agronegócio têm o potencial de impulsionar o desenvolvimento econômico de um país. O agronegócio gera empregos, gera receita para os agricultores e empresas do setor, promove o desenvolvimento regional e contribui para a geração de divisas por meio das exportações de produtos agropecuários. Ao investirem em infraestrutura, logística, pesquisa e desenvolvimento, os governos podem criar um ambiente propício ao crescimento do agronegócio, atraindo investimentos e estimulando a inovação no setor. Exemplo: o Brasil é um modelo de país que implementou políticas públicas favoráveis ao agronegócio. O Programa Nacional de Fortalecimento da Agricultura Familiar (Pronaf), por exemplo, oferece crédito e assistência técnica aos agricultores familiares, contribuindo para o aumento da produ-

ção e a melhoria das condições de vida no campo. Além disso, o país investiu em pesquisa e desenvolvimento de tecnologias agrícolas, resultando em aumentos significativos na produtividade e na competitividade do agronegócio brasileiro.

3. **Segurança alimentar e abastecimento:** as políticas públicas direcionadas ao agronegócio desempenham um papel fundamental na garantia da segurança alimentar e do abastecimento. Ao promoverem a produção agrícola e pecuária, os governos podem assegurar que a população tenha acesso a alimentos suficientes, de qualidade e a preços acessíveis. As políticas públicas também podem incentivar a diversificação da produção, a adoção de práticas sustentáveis e a conservação dos recursos naturais, contribuindo para a segurança alimentar em longo prazo.
4. **Desafios e oportunidades:** embora as políticas públicas sejam essenciais para o desenvolvimento do agronegócio, também enfrentam desafios significativos. É necessário equilibrar os interesses dos produtores, dos consumidores e do meio ambiente, garantindo práticas sustentáveis, redução das desigualdades no campo e a adoção de medidas de adaptação às mudanças climáticas. Além disso, os governos devem estar atentos às demandas do mercado internacional, promovendo acordos comerciais favoráveis e garantindo a competitividade dos produtos agropecuários no cenário global.

1.2.4 Cadeias agroalimentares globais: do Brasil para o mundo

As cadeias agroalimentares globais desempenham um papel crucial na produção e no comércio de alimentos em escala internacional. O Brasil tem uma posição de destaque nas cadeias agroalimentares globais, sendo reconhecido como um importante produtor e exportador de diversos produtos agrícolas e pecuários. O país possui extensas áreas cultiváveis, clima favorável e uma agricultura diversificada, o que permite a produção de *commodities* agrícolas, como soja, milho, café, açúcar, carne bovina, aves e suínos, entre outros. Além disso, o Brasil tem adotado práticas sustentáveis na produção agrícola, contribuindo para a demanda global por alimentos produzidos de forma responsável.

O sucesso do Brasil nas cadeias agroalimentares globais é resultado de investimentos em tecnologia, pesquisa e desenvolvimento, infraestrutura logística e políticas públicas voltadas para o agronegócio. A adoção de práticas modernas de produção, o aumento da produtividade e a busca pela qualidade dos alimentos têm impulsionado a competitividade do país no mercado global. Além disso, o Brasil tem buscado diversificar sua oferta de produtos, agregando valor por meio da industrialização e da produção de alimentos processados. O setor de aves e suínos no Brasil é um exemplo de sucesso já comentado, mas que ilustra bem o posicionamento brasileiro nas cadeias agroalimentares globais. Com investimentos em genética, nutrição, manejo e sanidade animal, o país se tornou um dos maiores produtores e exportadores dessas proteínas. A indústria de aves e suínos brasileira tem alcançado reconhecimento internacional pela qualidade dos produtos e pela adoção de práticas sustentáveis, como a redução do uso de antibióticos e a rastreabilidade dos sistemas de produção.

Apesar disso, o Brasil enfrenta desafios nas cadeias agroalimentares globais. Questões ambientais, como o desmatamento e as mudanças climáticas, demandam a adoção de práticas sustentáveis para garantir a conservação dos recursos naturais. Além disso, barreiras comerciais, regulamentações sanitárias e fitossanitárias, exigências de certificações e concorrência internacional representam desafios para a expansão do comércio de alimentos brasileiros. No entanto, também há oportunidades significativas para o Brasil no mercado global de alimentos. A crescente demanda por alimentos, impulsionada pelo aumento populacional e mudanças nos hábitos alimentares, cria um mercado em expansão. O país possui vastas áreas disponíveis para expansão da produção, além de uma reputação positiva como fornecedor confiável e de qualidade.

As cadeias agroalimentares globais exigem cada vez mais a adoção de práticas sustentáveis e responsáveis. O Brasil tem a oportunidade de se destacar nesse aspecto, promovendo a conservação do meio ambiente, a proteção dos recursos hídricos, a inclusão social e a melhoria das condições de trabalho no campo. A produção agropecuária com responsabilidade socioambiental não apenas contribui para a imagem do país no mercado internacional, mas também garante a sustentabilidade e a competitividade do setor em longo prazo.

1.2.5 Comunicando o agronegócio brasileiro: o equilíbrio do agronegócio sustentável

A comunicação no agronegócio e na diplomacia ambiental desempenha um papel fundamental na promoção da transparência, confiança e cooperação entre os diversos atores envolvidos. Ao adotar estratégias de comunicação eficientes e transparentes, o agronegócio pode fortalecer sua imagem, esclarecer questões e promover práticas sustentáveis. A comunicação também tem um papel crucial na diplomacia ambiental, facilitando o diálogo e a busca por soluções conjuntas para desafios ambientais globais. Ao investirmos na comunicação no agronegócio, podemos construir uma relação de confiança com os consumidores, valorizar a produção responsável e promover um setor agropecuário mais sustentável e resiliente. Deste modo, a comunicação estratégica no agronegócio é fundamental para estabelecer um diálogo eficiente e transparente com todos os *stakeholders* envolvidos. Isso inclui a comunicação interna, voltada para a equipe de trabalho, bem como a comunicação externa, destinada aos consumidores, investidores, órgãos reguladores e comunidade em geral. A comunicação estratégica busca promover a imagem positiva do agronegócio, esclarecer dúvidas e combater informações equivocadas, além de promover a adoção de práticas sustentáveis e responsáveis.

A tecnologia tem desempenhado um papel fundamental na transformação da comunicação no agronegócio. As redes sociais e as plataformas digitais têm se mostrado ferramentas eficazes para compartilhar informações sobre as práticas agrícolas, os processos de produção, a segurança alimentar e as iniciativas sustentáveis. A comunicação digital permite uma interação mais direta com os consumidores, aumentando a transparência e construindo confiança. No entanto, é importante utilizar essas ferramentas com responsabilidade, evitando a disseminação de informações falsas ou prejudiciais. Por outro lado, a diplomacia ambiental desempenha um papel crucial na abordagem das questões ambientais relacionadas ao agronegócio. A comunicação desempenha um papel importante nesse contexto, pois permite a negociação e o diálogo entre os países, organizações internacionais e atores do setor agropecuário. A comunicação eficiente e transparente ajuda a promover a cooperação, a troca de conhecimentos e a busca por soluções conjuntas para desafios ambientais globais, como a redução das emissões de gases de efeito estufa, o combate ao desmatamento e a conservação da biodiversidade. Um bom exemplo assertivo da comunicação, no contexto da "diplomacia ambiental", parece se concentrar no protagonismo brasileiro, no que diz respeito à Amazônia. A comunicação desempenha um papel fundamental nesse contexto, pois permite ao país dialogar com outros atores internacionais e esclarecer suas políticas e ações relacionadas à preservação da Floresta Amazônica. Por meio da comunicação estratégica, o Brasil busca transmitir seu compromisso com a sustentabilidade, a conservação e o desenvolvimento socioeconômico da região, ao mesmo tempo em que busca parcerias e apoio internacional.

A comunicação no agronegócio enfrenta desafios significativos, como a desinformação, a polarização de opiniões e a falta de confiança. Para superar esses desafios, é essencial investir em comunicação transparente, baseada em evidências científicas e aberta ao diálogo. Além disso, é necessário estabelecer canais eficientes de comunicação entre os diferentes atores, promovendo a troca de informações e a construção de consensos. Ao mesmo tempo, a comunicação no agronegócio oferece oportunidades para promover práticas sustentáveis, valorizar a produção responsável e estabelecer uma relação de confiança com os consumidores. A comunicação pode ajudar a destacar os benefícios econômicos, sociais e ambientais do agronegócio, destacando o papel crucial do setor na segurança alimentar, no desenvolvimento socioeconômico e na conservação dos recursos naturais.

1.3 Inovação e tecnologia: o agro 4.0

O conceito de agro 4.0 refere-se à aplicação de tecnologias digitais, como internet das coisas (IoT), *big data*, inteligência artificial e automação no setor agropecuário. Essas tecnologias permitem a coleta e análise de grandes volumes de dados, o monitoramento remoto, a automação de processos e a tomada de decisões mais assertivas. O agro 4.0 traz benefícios significativos, como o aumento da eficiência produtiva, a redução de custos, a melhoria da qualidade dos produtos, a otimização do uso de recursos naturais e a maior sustentabilidade.

Como parte da agricultura 4.0, a inteligência artificial (IA) e a nanotecnologia, entre outras coisas, estão ganhando destaque. Isso tem alterado o processo industrial e impactado significativamente a agricultura e as cadeias de valor. A indústria agrícola está adotando a edição genômica, tecnologias inteligentes de melhoramento e combinando tecnologias digitais baseadas em IA, com mapeamento de solo microbiano para aumentar a qualidade da produção e desenvolver sementes resistentes a pragas. Os princípios fundamentais de segurança da IA incluem monitorar o fluxo de dados por meio de métodos de criptografia para proteger dados críticos. Isso é feito por meio da utilização de tecnologias de segurança, também baseadas em IA, para identificar indicadores de comportamento suspeito em tempo real e armazenar dados em *blockchain* para garantir sua integridade. Para aproveitar plenamente a tecnologia, os agricultores devem primeiro se familiarizar com a noção de segurança de dados e desenvolver e aderir a regulamentos internos de segurança. Sendo que isto pode ser um problema, dentro da nova era tecnológica.

Nas últimas décadas, a agricultura passou por várias revoluções tecnológicas, tornando-se cada vez mais industrializada e orientada pela tecnologia. Os agricultores têm melhor controle sobre a produção de animais e o cultivo de plantas, empregando tecnologias agrícolas inteligentes, tornando-as mais previsíveis e eficientes. Isso, combinado com a crescente demanda dos consumidores por produtos agrícolas, tem impulsionado a disseminação da tecnologia de agricultura inteligente em todo o mundo. O movimento indústria 4.0 é uma força revolucionária que influenciará significativamente o setor. A campanha é baseada em várias tecnologias digitais, incluindo o chamado *big data*, inteligência artificial e comportamentos digitais, como colaboração, mobilidade e inovação aberta. Além da introdução de novos equipamentos e procedimentos, o verdadeiro potencial da agricultura 4.0, no aumento da produção, reside na capacidade de coletar, utilizar e trocar dados remotamente.

Para além do exposto, as tecnologias provenientes da agricultura 4.0 precisam ser introduzidas na fazenda para a agricultura de precisão, o que é útil para alcançar seu pleno potencial. A infraestrutura agrícola conectada precisa depender de dados em tempo real ou abranger uma vasta região, dependendo das demandas da fazenda e do objetivo da implementação da IA. O robô lida com todos os elementos de gestão, desde o plantio e o cultivo até a irrigação, adubação e colheita, de acordo com as necessidades. Os chamados *FarmBots* podem trabalhar em pequenos canteiros de jardim, estufas e estufas internas. Ter-se-á uma necessidade da criação de sistemas *ad hoc* capazes de proporcionar acesso a serviços em condições de cobertura limitada ou inexistente, com base em serviços em nuvem. Além disso, superar a barreira psicológica que sempre existiu entre os profissionais agrícolas, na implementação de novas tecnologias em seus trabalhos diários, requer um alto nível de empatia para criar experiências personalizadas as suas necessidades e ambiente de trabalho. E isto, novamente, pode ser um problema dentro da nova era tecnológica, uma vez que, comumente, o agronegócio é enraizado no passado.

Por outro lado, se houver entendimento de que os dados em grande escala tornam toda a cadeia mais competitiva e lucrativa, ao mesmo tempo em que melhoram a rastreabilidade e ajudam a atender às necessidades dos compradores locais e internacionais, tal qual os *softwares* móveis tornam mais acessível a integração dos mesmos dados com diversas aplicações, o uso da IA em dispositivos agrícolas se tornará a norma em vez da exceção. Isso reduz os custos financeiros e de tempo associados a erros humanos. Sensores monitoram a nutrição do solo, temperatura, umidade e outros parâmetros. A IA se conectará às tecnologias, eliminando a necessidade de inserir dados continuamente em inúmeros aplicativos que não interagem entre si. A transferência de dados entre várias unidades agrícolas ainda é uma barreira para a implementação da agricultura inteligente. Hoje, os dispositivos utilizam uma variedade de protocolos de comunicação; no entanto, esforços para desenvolver padrões universais nesse campo estão em andamento. A chegada do 5G e tecnologias como a internet baseada em satélites, espera-se, ajudarão nessa resolução.

A agricultura digital envolve mais do que compreender e analisar dados registrados por máquinas conectadas de forma mais eficiente. Ela utiliza a IA ligada à internet para monitorar fazendas usando sensores, automatizando sistemas de irrigação etc. Drones são usados para digitalizar a saúde do solo, monitorar a saúde das culturas, aplicar fertilizantes, prever a produção agrícola e acompanhar o clima. A agricultura digital fornece informações que vão além do que o olho humano pode ver. Tecnologias avançadas de imagem fornecem dados extensivos sobre características, como contornos e declividades do terreno, que podem prejudicar o cultivo. Ela permite uma avaliação precisa da condutividade do solo e um exame aprofundado de atributos do solo, como textura, capacidade de troca de cátions, teor de matéria orgânica, nível de umidade etc. Isso oferece um conhecimento mais preciso da saúde do solo para a agricultura (Javaid *et al.*, 2022).

Na Figura 4, observamos a evolução da agricultura começando com a agricultura 1.0, caracterizada pela tração animal, passando pela Revolução Verde na agricultura 2.0, depois pela adoção de sistemas integrados na agricultura 3.0 e, finalmente, chegando à agricultura 4.0, fundamentada em bases biológicas.

Figura 4: Evolução da agricultura

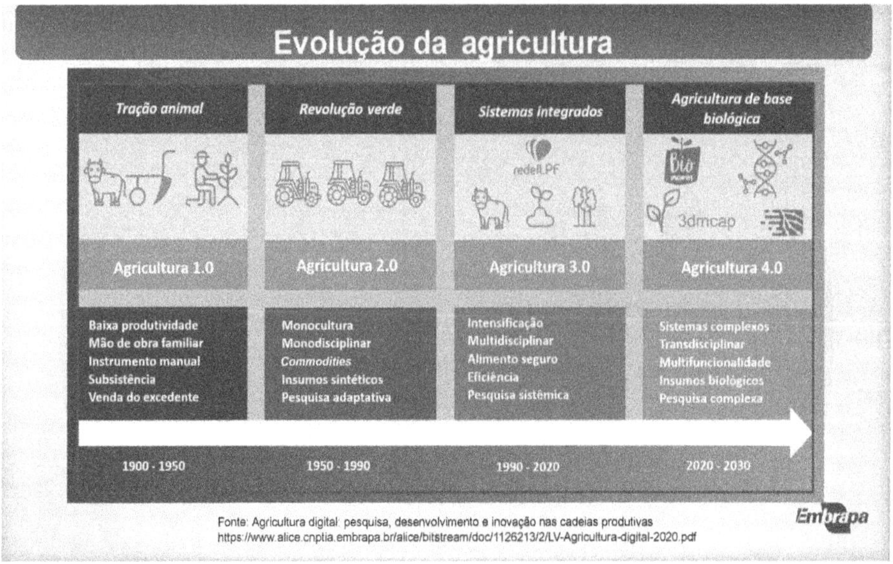

Fonte: Massruhá, 2021 – disponível em https://www.gov.br/mcti/pt-br/acompanhe-o-mcti/transformacaodigital/arquivoscamaraagro/ca-reuniao-gt1-2-08_06_2021_anexo4_desafios_oportunidades.pdf.

Conforme ilustrado na Figura 5, a nova tendência é o agro 5.0, que incorpora o uso de inteligência artificial, robótica, biologia sintética, impressão 3D e 4D, além da agricultura vertical.

Figura 5: Agricultura digital: do agro 4.0 rumo à agricultura 5.0

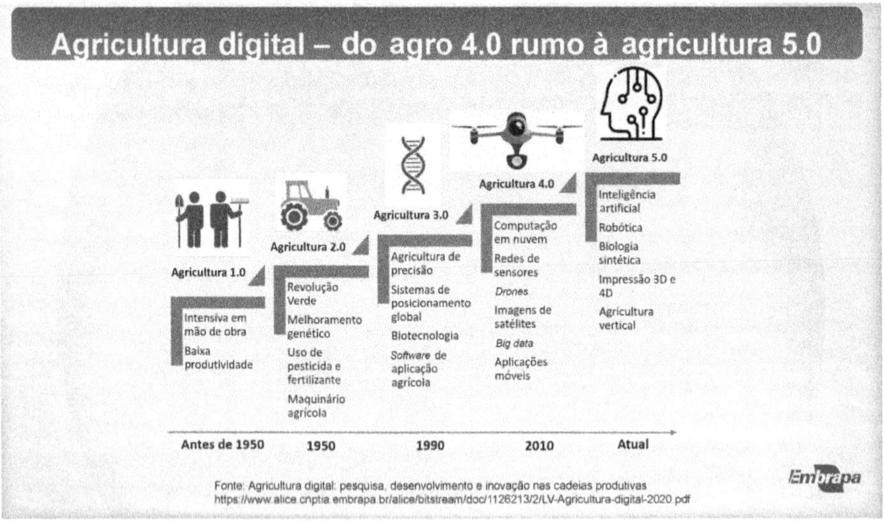

Fonte: Massruhá, 2021 – disponível em https://www.gov.br/mcti/pt-br/acompanhe-o-mcti/transformacaodigital/arquivoscamaraagro/ca-reuniao-gt1-2-08_06_2021_anexo4_desafios_oportunidades.pdf.

1.4 Resumo

Em resumo, a inovação tecnológica no agronegócio traz uma série de benefícios, como o aumento da produtividade, a redução de custos, a melhoria da qualidade dos produtos, a preservação do meio ambiente e a melhoria das condições de trabalho no campo. Além disso, a adoção de tecnologias avançadas contribui para a sustentabilidade do setor, tornando-o mais resiliente e capaz de enfrentar os desafios futuros, como as mudanças climáticas e a escassez de recursos naturais. No entanto, a adoção dessas tecnologias também enfrenta desafios, como o acesso à infraestrutura de conectividade em áreas rurais, a capacitação dos produtores para lidar com as novas tecnologias, a segurança de dados e a ética no uso da inteligência artificial. É necessário garantir que a inovação tecnológica seja acessível a todos os produtores, promovendo a inclusão digital e oferecendo suporte técnico adequado.

1.5 Consolidação do conhecimento: agronegócio mundial e os desafios da sustentabilidade

Introdução

Vimos ao longo do capítulo que o agronegócio desempenha um papel crucial na economia global, fornecendo alimentos, fibras e biocombustíveis para a população mundial. No entanto, enfrenta desafios significativos relacionados à sustentabilidade ambiental, social e econômica. Com base nisso, pensemos na empresa abaixo:

Descrição da empresa

Imagine uma grande empresa agrícola global que tem extensas operações em vários países. Ela produz *commodities* agrícolas, como grãos, carne, óleos vegetais e açúcar. A empresa enfrenta pressões para melhorar sua sustentabilidade e reduzir seu impacto negativo no meio ambiente e na sociedade.

Perguntas para consideração

a) Quais são os principais desafios de sustentabilidade enfrentados por essa empresa agrícola global?

b) Como o uso intensivo de recursos naturais, como água e terra, impacta a sustentabilidade do negócio?

c) Quais são os potenciais impactos ambientais das práticas agrícolas utilizadas pela empresa?

Impacto socioeconômico

Além das questões ambientais, o agronegócio também tem um impacto significativo nas comunidades e na economia local. Vamos explorar os aspectos socioeconômicos desse estudo de caso.

Perguntas para consideração

a) Quais são os impactos sociais das operações agrícolas em comunidades rurais? Existe alguma desigualdade social relacionada ao trabalho agrícola?

b) Como a globalização e as cadeias de suprimentos complexas afetam os agricultores locais e a segurança alimentar das populações locais?

c) Quais são os possíveis desafios econômicos enfrentados pelos agricultores locais em um contexto de agronegócio globalizado?

Mudanças climáticas e resiliência

As mudanças climáticas também representam um desafio significativo para o agronegócio mundial. Vimos isso ao longo do texto acima. Então, vamos analisar como essa empresa agrícola global está lidando com as mudanças climáticas e melhorando sua resiliência, à luz das questões abaixo:

Perguntas para consideração

a) Quais são os impactos das mudanças climáticas nas operações agrícolas da empresa? Como eventos climáticos extremos, como secas e enchentes, podem afetar sua produção?

b) Quais são as estratégias adotadas pela empresa para mitigar e se adaptar às mudanças climáticas?

c) Como a implementação de práticas de agricultura sustentável pode contribuir para a resiliência da empresa e mitigar os impactos das mudanças climáticas?

Abordagens sustentáveis

O mundo caminha para a sustentabilidade, como veremos nos próximos capítulos. Mas, antes, vamos explorar as possíveis soluções e abordagens sustentáveis que a empresa agrícola global colocada pode adotar para enfrentar os desafios da sustentabilidade.

Perguntas para consideração

a) Quais são as práticas agrícolas sustentáveis que a empresa poderia adotar para reduzir seu impacto ambiental?

b) Como a implementação de tecnologias inovadoras, como agricultura de precisão e agricultura regenerativa, pode melhorar a sustentabilidade da empresa?

c) Quais são as oportunidades de parcerias com ONGs, governos e outras partes interessadas para promover a sustentabilidade no agronegócio?

1.6 Referências bibliográficas

ARAGÓN, Luis Eduardo. **A dimensão internacional da Amazônia:** um aporte para sua interpretação. Revista NERA, 2021. 14-33 p.

BABU, S. C.; SHISHODIA, M. **Agribusiness competitiveness: applying analytics, typology, and measurements to Africa.** International Food Policy Research Institute (IFPRI) Discussion Paper Series (1648), 2017. 1-44 p.

BANCO MUNDIAL (BM). Disponível em: **Background Paper for the World Development Report 2008: Global Agricultural Performance: Past Trends and Future Prospects**. 2008.

BANCO MUNDIAL (BM). Disponível em: https://documents1.worldbank.org/curated/en/268351520343354377/pdf/123948-WP-6-3-2018-8-39-22-AriasetalAgriculturalgrowthinBrazil.pdf. 2023.

BANCO NACIONAL DO DESENVOLVIMENTO (**BNDES**). Disponível em: https://www.bndes.gov.br/wps/portal/site/home/financiamento/produto/pronaf. 2023.

BARROS, J. R.M. **Efeitos da pesquisa agrícola para o consumidor.** In: Seminário sobre os impactos da mudança tecnológica do setor agropecuário na economia Brasileira. Brasília: Embrapa, 2002. 147-202 p.

BARNARD, F. L.; FOLTZ, J.; YEAGER, E. A.; BREWER, B. **Agribusiness management.** Routledge, 2021. 556 p.

BURNEY, J. A.; DAVIS, S. J.; LOBELL, D. B. **Greenhouse gas mitigation by agricultural intensification.** Proceedings of the National Academy of Sciences of the United States of America (PNAS), 2010. 12052-12057p.

BYERLEE, D. **Modern varieties, productivity, and sustainability:** Recent experience and emerging challenges. World Dev., 1996. 697-718 p.

CAGAUAN, A. **Impact of Pesticides on Farmer Health and the Rice Environment.** Kluwer, 1995. 203-248 p.

CASSMAN, K. G.; PINGALI, P. L. **Intensification of irrigated rice systems: Learning from the past to meet future challenges.** GeoJournal, 1995. 299-305 p.

CONWAY, G. **One billion hungry.** Cornell University Press, 2012. 464 p.

CULLATHER, N. **Hungry World: America's Cold War Battle Against Poverty in Asia**. Cambridge, MA: Harvard University Press, 2010. 368 p.

DAHLBERG, K. **Beyond the Green Revolution:** The Ecology and Politics of Global Agricultural Development. New York: Plenum Press, 1979. 270 p.

DAVIES, W. P. **An Historical Perspective from the Green Revolution to the Gene Revolution.** Nutrition Reviews, 2003. 142–134 p.

DERCON, S. **Rural poverty:** Old challenges in new contexts. World Bank Res Obs, 2009. 1-28 p.

EVENSON, R., GOLLIN, D. **Assessing the Impact of the Green Revolution, 1960 to 2000**. Science, 2003. 758–762 p.

FAN, S., BRZESKA, J. **In: Handbook of Agricultural Economics.** Elsevier (Amsterdam), 2010. 3401-3434 p.

FLEXOR, G. **Transformações na agricultura brasileira e os desafios para a segurança alimentar e nutricional no século XXI.** Fundação Oswaldo Cruz, 2022. 43 p.

FOOD AND AGRICULTURE ORGANIZATIONS OF THE UNITED NATIONS - **FAO. How to Feed the World in 2050**. 2009.

FOOD AND AGRICULTURE ORGANIZATIONS OF THE UNITED NATIONS – **FAO DATABASE**. Disponível em: http://www.fao.org/faostat/en/#data. 2023.

FUGLIE, K. **The Shifting Patterns of Agricultural Production and Productivity Worldwide.** Midwest Agribusiness Trade Research and Information Center, Iowa State Univ, Ames IA, 2010. 63-98 p.

GASQUES, J. G., BASTOS, E. T., VALDES, C., BACCHI, M. R. P. **Produtividade da agricultura brasileira e os efeitos de algumas políticas.** Revista de Política Agrícola, 2012. 83-92 p.

GRIFFIN, K. **The Political Economy of Agrarian Change:** An Essay on the Green Revolution. London: MacMillan Press, 1974. 268 p.

GUNDERSON, M. A., BOEHLJE, M., NEVES, M. F., SONKA, S. T. **Agribusiness organization and management.** Encylopedia of Agriculture and Food Systems, 2014. 51-70 p.

HAZELL, P. **Proven successes in agricultural development.** International Food Policy Research Institute, 2010. 67-97 p.

HERDT, R. **Handbook of agricultural economics.** Elsevier (Amsterdam), 2010. 3253-3304 p.

JAVAID, M., HALEEM, A., SINGH, R. P. SUMAN, R. **Enhancing smart farming through the applications of Agriculture 4.0 technologies.** International Journal of Intelligent Networks, 2022. 150-164 p.

JOHNSTON, B. F., MELLOR, J. W. **The role of agriculture in economic development.** The American Economic Review, 1961. 566-593 p.

KENNEDY, P. L., HARRISON, R. W., PIEDRA, M. A. **Analyzing agribusiness competitiveness: the case of the United States sugar industry.** International Food and Agribusiness Management Review, 1998. 245-257 p.

KING, R. P., BOEHLJ, M., COOK, M. L., SONKA, S. T. **Agribusiness economics and management.** American Journal of Agricultural Economics, 2010. 554-570 p.

LIPTON, M. **The family farming in globalization world: the role of crop science in alleviating poverty.** International Food Policy Research Institute, 2005.

MARTIN, L.; WESTGREN, R.; van DUREN, E. **Agribusiness competitiveness across national boundaries.** American Agricultural Economics Association, 1991. 1456-1464 p.

NIAZI, T. **Rural Poverty and the Green Revolution:** The Lessons from Pakistan. Journal of Peasant Studies, 2009. 242-260 p.

PATEL, R. **The Long Green Revolution**. Journal of Peasant Studies, 2013. 1–63 p.

PEARSE, A. **Seeds of Plenty, Seeds of Want:** Social and Economic Implications of the Green Revolution. New York: Oxford University Press, 1980. 262 p.

PINGALI, P.; SHAH, M. **Sustaining Rice-Wheat Production Systems:** Socio-eEonomic and Policy Issues. Rice-Wheat Consortium, New Delhi, 1998. 1-12 p.

PINGALI, P. **In: Handbook of Agricultural Economics.** 2007. 2779-2805 p.

PINSTRUP-ANDERSEN, P.; JARAMILLO, M. **The Green Revolution Reconsidered: The Impact of the High Yielding Rice Varieties in South India.** Johns Hopkins Univ Press, 1991. 85-104 p.

PRAY, C. **Public-private sector linkages in research and development:** Biotechnology and the seed industry in Brazil, China and India. American Journal of Agricultural Economics, 2001. 742-747 p.

DE QUEIROZ, D. M.; COELHO, A. L. F.; VALENTE, D. S. M.; SCHUELLER, J. K. **Sensor applied to digital agriculture:** a review. Revista Ciência Agronômica, 2020. 1-15 p.

SACHITRA, V. **Review of competitive advantage measurements:** reference on agribusiness sector. Journal of Scientific Research & Reports, 2016. 1-11 p.

SHETTY, P. S. **Nutrition transition in India.** Public Health Nutrition, 2002. 175-182 p.

SHIVA, V. **The Violence of the Green Revolution:** Third World Agriculture, Ecology and Politics. Lexington: University Press of Kentucky, 2016. 266 p.

STEVENSON, J.; BYERLEE, D.; VILLORIA, N.; KELLEY, T., MAREDIA, M. **Measuring the Environmental Impacts of Agricultural Research:** Theory and Applications to CGIAR Research. Independent Science and Partnership Council Secretariat, 2011. 49-87 p.

TORLESSE, H.; KIESS, L.; BLOEM, M. W. **Association of household rice expenditure with child nutritional status indicates a role for macroeconomic food policy in combating malnutrition.** The Journal of Nutrition, 2003. 1320-1325 p.

WEBB, P. J. R. **Fiat Panis: For a World Without Hunger.** Hampp Media/ Balance Publications, 2009. 410-434 p.

GESTÃO NO AGRONEGÓCIO

Introdução

Você já parou para imaginar como seria ser um grande gestor no agronegócio? Alcançar grandes resultados, ser reconhecido pelo seu talento e habilidade, conquistar uma reputação sólida e, é claro, colher os frutos financeiros dessa trajetória de sucesso. Parece um sonho distante, não é mesmo? Mas saiba que isso não acontece por acaso. É fruto de conhecimento especializado e prática dos princípios de gestão que regem o mundo, e também estão presentes na área do agronegócio.

Imagine que cada tópico deste capítulo é como sementes poderosas que, se plantadas em sua mente e cultivadas com cuidado, podem gerar frutos saborosos e valorosos. Neste capítulo, você terá acesso a conhecimentos específicos e práticos que são essenciais para se tornar um gestor de destaque no agronegócio.

Vamos explorar juntos as principais áreas da gestão empresarial, no contexto do agronegócio. Você aprenderá sobre planejamento estratégico, gestão de marketing, de pessoas, de recursos, gestão financeira, qualidade e gestão da produção. Cada tópico será uma oportunidade de absorver conhecimentos valiosos e aplicá-los na prática.

Ao longo deste capítulo, você será convidado a refletir sobre ferramentas e técnicas de gestão, para se tornar um profissional de destaque no agronegócio ou fora dele, imagine-se colocando em prática os conceitos e técnicas de gestão aprendidos. Cada página será uma chance de expandir seu repertório, aprimorar suas habilidades e abrir portas para um futuro promissor.

Lembre-se de que ser um grande gestor no agronegócio pode ser um objetivo atingível. Com dedicação, estudo e aplicação dos conhecimentos adquiridos, você estará no caminho certo para alcançar seus objetivos e se destacar nesse mercado competitivo. A jornada pode ser desafiadora, mas com as ferramentas certas e a mentalidade adequada, você estará preparado para enfrentar qualquer obstáculo e alcançar resultados desejados.

Vamos agora mergulhar nesse universo fascinante da gestão no agronegócio. Cada palavra, cada conceito e cada exemplo apresentado neste capítulo serão uma oportunidade de crescimento pessoal e profissional. Cultive essas sementes poderosas em sua mente e veja-as florescer em uma carreira promissora no agronegócio.

Imagine, pense e sinta que a chave para o sucesso está em suas mãos. Esteja aberto ao aprendizado, aplique os conhecimentos adquiridos e colha os frutos da sua dedicação. Estamos aqui para guiá-lo nessa jornada rumo à excelência na gestão do agronegócio. Agora é com você. Vamos começar essa incrível jornada de conhecimento e transformação!

2.1 A importância da administração

A administração é fundamental para a vida humana, pois é responsável por planejar, organizar, coordenar e controlar os recursos disponíveis para atingir objetivos específicos. Desde a administração de recursos pessoais, como tempo e dinheiro, até a gestão de grandes organizações, como empresas e governos, a administração é fundamental para garantir eficiência, eficácia e sustentabilidade. Além disso, a administração promove o desenvolvimento de habilidades como liderança, tomada de decisão, comunicação e trabalho em equipe, que são valiosas em qualquer área da vida.

Com base na ideia de João Pinheiro Barros Neto (2019), podemos entender que a Administração pode ser definida como o processo de otimizar o uso dos recursos ao nosso dispor para alcançar os resultados mais eficientes. Ao longo da história, o homem tem empregado uma ampla variedade de métodos para atingir esse objetivo, que vão desde instrumentos físicos, como chicotes e pedras, até recursos intelectuais e emocionais, como motivação e inteligência. Portanto, a prática da Administração tem sido um companheiro constante na evolução humana.

A administração é relevante porque ajuda as pessoas e organizações a alcançar seus objetivos de forma eficiente e eficaz, além de ser uma habilidade-base para o sucesso pessoal e profissional, tendo aplicação em empresas, organizações governamentais e sem fins lucrativos, bem como para a vida pessoal e profissional das pessoas.

Conceitos-chave:

Administração: compreende uma área de conhecimento que envolve o planejamento, organização, direção e controle de recursos (humanos, financeiros, materiais e tecnológicos) de uma organização, visando alcançar os objetivos e metas preestabelcidos. O administrador é responsável por fazer a gestão do negócio. É uma disciplina que busca otimizar o uso dos recursos disponíveis para obter resultados eficientes e eficazes, levando em consideração as demandas do mercado, as necessidades dos clientes e as expectativas dos *stakeholders*.
Gestão: refere-se a atividades mais operacionais que são necessárias para executar os planos e políticas estabelecidos pelos administradores. Isso pode

incluir atividades como organização, direção, coordenação e controle de recursos (por exemplo, pessoal, financeiro, material) para alcançar os objetivos organizacionais. Os gestores, portanto, são normalmente encontrados em níveis médios e baixos da hierarquia da organização e estão mais focados em como as coisas são feitas no dia a dia.

Stakeholder: compreende as partes interessadas no negócio envolve os sócios, funcionários, fornecedores, clientes, comunidade local, bancos, governo, meio ambiente, entre outros atores conforme o negócio.

2.2 Gestão do agronegócio

No cenário atual, em que o agronegócio desempenha um papel grandioso e relevante, torna-se indispensável contar com gestores preparados para garantir a competitividade do setor. Este capítulo tem como objetivo destacar a importância da gestão empresarial aplicada ao agronegócio e fornecer as bases conceituais, técnicas e ferramentas necessárias para uma abordagem contemporânea e pragmática da administração a serviço do agronegócio. Aqui, você terá acesso a informações que vão auxiliar na compreensão e aplicação prática de conceitos, técnicas e ferramentas de gestão, adequadas às demandas do agronegócio moderno.

Você sabia? Falta de Administração

Imagine uma empresa que perde de 40 a 60% de sua produção. Qual seria o impacto nos resultados financeiros? Essa situação pode parecer extrema, mas é uma realidade no caso da pós-colheita da banana. Quando os processos são inadequados, podem gerar perdas de 40% a 60% na produção, conforme destacado pela Revista da Fruta. Essas perdas significativas ilustram a importância da administração correta de cada etapa da produção e manuseio ao transporte. Disponível em: https://www.revistadafruta.com.br/eventos/pos-colheita-inadequada-pode-gerar-perdas-de-60p-na-banana,400931.jhtml

A administração é uma área fundamental no mundo dos negócios, que se dedica ao planejamento, organização, direção e controle de recursos para atingir objetivos organizacionais. Ao longo da história, diferentes escolas (teorias) do pensamento da administração surgiram, trazendo abordagens e teorias diversas para orientar a prática gerencial, além disso, soma-se também o olhar para administração moderna que é marcada pela incorporação de princípios contemporâneos como ESG (ambientais, sociais e de governança) e pelo avanço da tecnologia, incluindo a aplicação de inteligência artificial nas decisões empresariais.

Vamos explorar uma ampla gama de conceitos relevantes para a gestão eficaz do agronegócio, em que veremos temas como fundamentos da administração clássica e moderna, planejamento estratégico, gestão de marketing, gestão de pessoas, gestão financeira, qualidade e gestão da produção, sempre com foco pragmático e contemporâneo.

No tópico de planejamento, você aprenderá a elaborar planos estratégicos que direcionem o desenvolvimento do agronegócio, levando em consideração fatores internos (como forças e pontos a desenvolver) e externos, identificando oportunidades e ameaças. Outro ponto relevante é a definição da missão, visão e valores da organização, bem como a definição de objetivos claros e efetivos.

A gestão de marketing também é conhecida como gestão mercadológica. Vamos apresentar as principais variáveis do marketing e decisões estratégicas em nível de produto, preço, praça e promoção. Também examinaremos elementos como posicionamento de produtos agrícolas, o estudo de mercado, a segmentação de clientes, a construção de marcas fortes e a implementação de ações promocionais eficientes para maximizar a comercialização dos produtos.

Um dos maiores desafios na gestão do agronegócio é a gestão de pessoas. Diante do exposto, discutiremos temas contemporâneos, como técnicas de recrutamento e seleção, treinamento e desenvolvimento de equipes, motivação, liderança e a gestão de pessoas.

Outro fator crítico para gestão do agronegócio é o controle financeiro, aqui descrito como gestão financeira, em que exploraremos ferramentas e técnicas para a análise de viabilidade econômica de projetos agrícolas, controle de custos, planejamento financeiro, gestão de fluxo de caixa e busca de fontes de financiamento adequadas para as necessidades do agronegócio.

Gerir a qualidade é outra variável relevante a fim de garantir a satisfação dos clientes, competitividade e a reputação das empresas do agronegócio. Em seguida, abordaremos a gestão da produção, que envolve o planejamento e controle das operações agrícolas, a gestão de estoques, a logística e a cadeia de suprimentos, visando garantir uma produção eficiente e de alta qualidade.

Desta maneira, você terá acesso às principais variáveis que compõem a gestão no contexto do agronegócio, adquirindo conhecimentos e habilidades que serão fundamentais para o seu sucesso profissional nesse setor dinâmico e desafiador.

CASO DE CONTEXTUALIZAÇÃO:
OS TRÊS AMIGOS DO AGRONEGÓCIO: PARTE 1

Em uma cidade do interior, três amigos de escola se encontravam todos os dias. João, Ketlin e Roberto eram inseparáveis e, juntos, compartilhavam sonhos e planos.

Com o passar dos anos, cada um seguiu seu caminho e, por um tempo, perderam contato. Mas, após cinco anos, eles se reencontraram em uma festa da cidade, e muita coisa mudou desde então.

João havia herdado o mercadinho da família e manteve o negócio da mesma forma que seu pai o administrava. O mercadinho era um ponto de encontro para os moradores da cidade e, embora a clientela fosse fiel, as vendas estavam estagnadas.

Ketlin havia herdado uma pequena propriedade rural e, com muito trabalho, havia triplicado o tamanho do negócio. Ela investiu em novas técnicas de plantio, adotou novas tecnologias e contratou uma equipe qualificada para ajudar no processo de crescimento.

Já Roberto havia herdado uma pequena agroindústria de geleias, que antes era um negócio próspero, mas agora estava à beira da falência. Roberto, desanimado, revelou aos amigos que não sabia como recuperar o negócio.
O caso dos três amigos enfatiza a importância da gestão dos negócios para seu crescimento e manutenção, seja um comércio, indústria, ou uma propriedade rural. Mais que isso, é um convite para você pensar qual a importância da aplicação deste capítulo nos negócios e o que você faria no papel deles. O que você preferia ter herdado?

2.2 Gestão no agronegócio

A gestão é uma área fundamental em qualquer setor da economia, e no agronegócio não poderia ser diferente. O gestor do agronegócio tem como missão buscar a eficiência e eficácia nas operações, garantindo a produção de alimentos com rentabilidade, qualidade, segurança e sustentabilidade.

2.3 O gestor do agronegócio

Um gestor do agronegócio é responsável pela gestão e planejamento de todas as atividades relacionadas à produção, comercialização e distribuição de produtos agropecuários. Ele deve coordenar as atividades agropecuárias, zelar pela qualidade dos produtos, cuidar das finanças, gerenciar pessoas e garantir que as operações estejam em conformidade com as leis e regulamentações ambientais e sanitárias, de maneira responsável, inovadora, sustentável e gerando resultados financeiros significativos.

É recomendado que o gestor do agronegócio tenha um amplo conhecimento sobre sua área de atuação, que pode ter um viés da produção agropecuárias, incluindo aspectos técnicos como irrigação, manejo do solo, controle de pragas e doenças, questões sobre produção vegetal e/ou manejo animal e as principais variáveis envolvidas, ou ser assistido por um ou mais técnicos competentes nessa área técnica de produção que forneçam informações para tomada de decisão. É relevante que tenha conhecimentos de aspectos relacionados ao mercado, como preços, demanda e concorrência, e gestão, no geral. Além de conhecer sobre legislação e economia, entre outras áreas correlatas. É desejável que seja uma pessoa que invista no autoconhecimento, seja proativa e que busque o aprendizado contínuo, ou seja, viva o *lifelong learning*, estando sempre atualizado sobre as novas tecnologias emergentes, em especial o uso da inteligência artificial e práticas modernas de gestão que possam ser aplicadas no agronegócio.

Para ser um gestor do agronegócio eficaz, recomenda-se ter habilidades de liderança e gestão de pessoas, para estimular, engajar e coordenar equipes de trabalho eficientes. Deve ser hábil em empreender e conduzir de maneira pragmática projetos e negócios. Além de ser capaz de identificar oportunidades de negócios, estabelecer objetivos e estratégias claras, monitorar os resultados e tomar decisões estratégicas baseadas em dados e análises.

O gestor do agronegócio é um profissional relevante para garantir a eficiência e rentabilidade das operações no setor agropecuário, promovendo o desenvolvimento sustentável e a produção de alimentos de qualidade para a sociedade.

A gestão de recursos no agronegócio é de elevada importância, pois abrange a otimização dos recursos naturais, financeiros e tecnológicos disponíveis. Isso inclui o uso eficiente da terra, água e outros recursos naturais, a alocação estratégica de recursos financeiros para investimentos e operações, e a adoção de tecnologias inovadoras para aumentar a produtividade e a eficiência do processo produtivo. A gestão adequada desses recursos é fator crítico para garantir a sustentabilidade econômica e ambiental do agronegócio.

O agronegócio é dinâmico e competitivo, e o gestor deve desenvolver muitas competências, entre elas destaca-se: a habilidade de realizar compras estratégicas, o domínio da gestão eficiente, e a capacidade de negociação e persuasão para vender produtos, serviços e também ideias, estabelecendo uma visão convincente para a sua equipe e para o mercado.

Para refletir: quais foram as competências sinalizadas acima, e, em uma escala de zero a dez, quanto você tem de cada uma delas? O resultado é um diagnóstico valoroso e que pode ser mola propulsora para você criar um plano de ação.

O gestor do agronegócio: atualmente existe a figura o Tecnólogo em agronegócio, que é curso superior que busca formar um gestor dentro das competências sinalizadas anteriormente. A gestão de organizações do agronegócio é normalmente exercida por engenheiros, agrônomos, veterinários e administradores de empresas, e recentemente também pelos tecnólogos em agronegócio.

Para assumir esse papel de destaque, é fundamental compreender os conceitos-chave da administração. Vejamos mais alguns:

Conceitos-chave:

Eficiência: é a capacidade de realizar uma tarefa com o mínimo de recursos possível. Em outras palavras, é a relação entre a quantidade de recursos utilizados e a quantidade de resultados alcançados. Uma empresa eficiente consegue produzir mais com menos recursos, o que significa maior produtividade e menor custo.

Eficácia: é a capacidade de atingir um objetivo ou meta predefinida. É o grau em que as metas estabelecidas são alcançadas. Uma empresa eficaz é aquela que consegue alcançar seus objetivos, entregando produtos ou serviços que atendem às necessidades e expectativas dos clientes.

Produtividade: é a capacidade de gerar o resultados cada vez maiores, utilizando cada vez menos recursos. Ser produtivo envolve tornar o campo mais produtivo, ou seja, mais eficaz e eficiente.

Saiba mais: http://iaperforma.com.br/saiba-qual-a-diferenca-entre-eficacia-e-eficiencia/

Para alcançar eficiência e eficácia na produção, é crucial selecionar e estabelecer um sistema de produção mais apropriado ao produto ou serviço que você planeja oferecer. Isso implica encontrar os métodos mais adequados para fabricar um produto específico ou fornecer um serviço específico. Isso é conhecido como racionalidade: identificar as ferramentas corretas para atingir objetivos específicos. Cada organização tem sua própria racionalidade, ou seja, a seleção das ferramentas necessárias para atingir as metas estabelecidas. A racionalidade incorpora equipamentos, técnicas e processos de trabalho que são ideais para a produção de algo (Chiavenato, 2022)

Nosso agronegócio é campeão em produtividade: o Instituto de Pesquisa Econômica Aplicada (Ipea) divulgou pesquisa evidenciando que **a produtividade da agricultura brasileira cresceu 400%** entre 1975 e 2020. O estudo foi realizado em parceria com o Ministério da Agricultura, Pecuária e Abastecimento (Mapa) e o Centro de Estudos Avançados em Economia Aplicada (Cepea-Esalq/USP).

Saiba mais: https://summitagro.estadao.com.br/noticias-do-campo/produtividade-da-agricultura-brasileira-cresceu-400-desde-1975/

2.4 Administração: contexto histórico e contemporâneo

Em uma rápida e valiosa passagem pela linha da história da Administração, criamos um quadro que sintetiza as principais teorias acerca de administração. De maneira objetiva, o Quadro 1 apresenta o resumo das principais Teorias (escolas) da Administração. Essas representam pilares importantes no desenvolvimento do pensamento administrativo e oferecem abordagens e conceitos distintos para entender e orientar a prática da gestão. Conhecer as suas principais ideias é fundamental para compreender a evolução da Administração ao longo do tempo e sua relevância na busca por eficiência, produtividade e êxito organizacional.

Quadro 1: Escolas da Administração

Escola da administração	Teórico	Principais ideias
Escola Científica	Frederick Taylor	Análise e planejamento de tarefas. Ênfase na eficiência e produtividade e a divisão do trabalho.
Escola Clássica	Henri Fayol	Funções gerenciais e os 14 princípios da administração e a organização hierárquica.
Escola das Relações Humanas	Elton Mayo	Ênfase nas relações interpessoais e motivação e na satisfação no trabalho.
Escola da Burocracia	Max Weber	Organização racional e impessoal baseada em regras e padrões.
Escola Comportamentalista	Douglas McGregor	Teoria X e Teoria Y: diferentes visões dos trabalhadores enfatizando suas motivações, atitudes e comportamentos.
Escola da Teoria dos Sistemas	Ludwig von Bertalanffy	Abordagem holística e integrada das organizações como sistemas complexos e interdependentes.
Escola da Contingência	Joan Woodward	Necessidade de adaptar as práticas de gestão e estruturas organizacionais às circunstâncias específicas e contextos variáveis.
Escola do Desenvolvimento Organizacional	Richard Beckhard	Mudança organizacional, melhoria contínua e aprendizado organizacional e desenvolvimento.

Escola da administração	Teórico	Principais ideias
Escola do Empreendedorismo	Joseph Schumpeter	Inovação e empreendedorismo como motores do desenvolvimento, a tomada de riscos calculados, da inovação e da busca por oportunidades.
Escola da Administração por Objetivos	Peter Drucker	Ênfase na definição de metas e objetivos, e resultados mensuráveis com a participação dos colaboradores.
Escola da Administração Participativa	Mary Parker Follett	Participação dos funcionários na tomada de decisões e resolução de problemas.

Fonte: Matteu, 2024.

O Quadro 1 demostra um pouco de cada escola, mas é importante destacar que existem muitas outras teorias.

Com base em João Pinheiro Barros Neto (2019), podemos entender que cada Teoria de Administração oferece uma variedade de conceitos e conhecimentos que, quando integrados, podem criar uma estratégia de operação personalizada e exclusiva para cada instituição e contribuir significativamente para a administração contemporânea.

A gestão contemporânea é caracterizada por uma diversidade de modelos e abordagens que se adaptam às necessidades e desafios dos ambientes empresariais em constante transformação, sejam impulsionadas pelas tecnologias, inovação ou por situações adversas como a pandemia de COVID-19. Esses modelos trazem teorias, conceitos e práticas que oferecem novas perspectivas e estratégias para enfrentar os desafios organizacionais que são tão dinâmicos. A seguir, no Quadro 2, apresentamos algumas dessas têndências da gestão contemporânea, e as principais ideias. Vale lembrar que são um ponto de partida para que você possa, posteriormente, se aprofundar conforme interesse e demanda.

Quadro 2: Modelos contemporâneos de Gestão

Modelo	Principais ideias
Metodologias ágeis	Flexibilidade, colaboração, entrega iterativa, adaptação rápida a mudanças, comunicação eficaz – técnicas como Scrum, Kanban, XP.
Design thinking	Centrar-se no usuário, compreensão profunda das necessidades, geração de soluções criativas, prototipação.
Gestão da inovação	Cultura de inovação, experimentação, aprendizado com falhas e colaboração entre áreas.
ESG	Integração de critérios ambientais, sociais e de governança nas decisões de negócios.
Economia criativa e compartilhada	Valorização da criatividade, inovação e modelos de negócios que priorizam o acesso e a colaboração sobre a posse tradicional.
Cognitive business	Utilização de tecnologias cognitivas, como inteligência artificial e análise de dados, para impulsionar negócios e tomada de decisão baseada em dados.

Fonte: Matteu, 2024.

Dentre os temas apresentados no Quadro 2, destacamos o *cognitive business* com avanço da utilização da inteligência artificial nos negócios e o ESG. O *cognitive business* toma como base a palavra "cognição", que vem do latim *cognitione*. Refere-se à aquisição de conhecimento ou compreensão por meio da percepção. É o ato ou processo de conhecer ou compreender o mundo pela percepção, e significa a maneira pela qual a pessoa percebe e interpreta a si própria ou seu meio ambiente. Soma-se com base a "Ciência cognitiva, ou seja, o estudo da mente e do cérebro. A ciência cognitiva inclui a psicologia, a neurociência, a antropologia, a ciência da computação e a filosofia" (Markman, 2019, p.11). Essa integração permite que sistemas informatizados possam interagir com o ser humano por meio de uma linguagem mais natural, ou seja, podemos "conversar" com as máquinas que nos ouvem, veem, interpretam e interagem.

Com a gestão baseada em dados pode-se prever comportamentos futuros, que é denominada **predição**. Veja o caso da rede Target:

> A equipe de técnicos analisou os padrões históricos das compras realizadas por todas as mulheres que fizeram o registro do enxoval do bebê no site da empresa, deixando técnicas de *big data* detectarem as correlações que revelaram quais os produtos com maior probabilidade de indicar uma gravidez. Entre os cerca de vinte produtos, estavam loções hidratantes sem cheiro e suplementos vitamínicos. Com base nas datas dessas compras, a Target identificava não apenas suas clientes grávidas, mas em que estágio da gravidez elas se encontravam. O passo seguinte foi iniciar um programa de oferta de produtos especificamente recomendado para cada trimestre da gravidez (Perelmuter, 2019, p. 257).

Conforme destacado pelo autor, com a gestão baseada em dados (*big data*) é possível prever comportamentos, ajustar a propostas comerciais e direcionar produtos com mais precisão. Essa abordagem é uma realidade crescente no mundo corporativo. Também já é usada no agronegócio, por exemplo, para prever safra.

Vamos a mais um exemplo da aplicação da IA apoiando o gestor:

O futuro é agora: **uma robô humanoide como CEO**
Batizada de Ms. Tang Yu, a robô vai dirigir uma subsidiária da companhia NetDragon, sediada em Hong Kong
A NetDragon, uma empresa chinesa, que atua na área de games e metaverso, anunciou a nomeação de uma robô humanoide como CEO.
Segundo a NetDragon, Tang Yu servirá como um instrumento de análise para a tomada de decisões no dia a dia da empresa e para o monitoramento de riscos. A ideia é que a robô também desempenhe um papel importante no

desenvolvimento de talentos e na criação de um melhor ambiente de trabalho para os funcionários.

"Acreditamos que a inteligência artificial é o futuro da gestão corporativa, e a nomeação de Ms. Tang Yu representa o nosso compromisso de verdadeiramente abraçar o uso de IA para mudar a forma como operamos nosso negócio e como direcionamos nosso crescimento estratégico futuro", declarou o presidente da NetDragon, Liu Dejian.

Fonte: https://epocanegocios.globo.com/Tecnologia/noticia/2022/09/empresa-chinesa-de-games-e-metaverso-nomeia-uma-robo-humanoide-como-ceo.html

O ESG

O termo ESG, do inglês *environmental, social, and corporate governance*, é uma sigla que representa três aspectos fundamentais da sustentabilidade empresarial: ambiental (*environmental*), social e de governança (*governance*).

- Ambiental (*environmental*): são as ações e políticas da empresa relacionadas à proteção do meio ambiente. Isso inclui medidas para reduzir a emissão de gases de efeito estufa, minimizar o impacto ambiental das operações, promover a eficiência energética, adotar práticas de gestão de resíduos adequadas e preservar os recursos naturais.
- Social: envolve as práticas e políticas da empresa relacionadas ao bem-estar das partes interessadas, como funcionários, comunidades locais, clientes e fornecedores. Isso inclui a promoção da diversidade e inclusão, a garantia de condições de trabalho justas e seguras, o respeito aos direitos humanos, a participação em iniciativas sociais e o engajamento com a comunidade.
- Governança (*governance*): refere-se às estruturas e processos de governança corporativa adotados pela empresa. Isso inclui uma estrutura de liderança eficaz, transparência nas operações, gestão

de riscos e conformidade regulatória, remuneração justa e ética, auditoria independente e proteção dos direitos dos acionistas.

A abordagem ESG busca promover a sustentabilidade empresarial em longo prazo, considerando não apenas o desempenho financeiro, mas também o impacto social e ambiental das atividades da empresa. Cada vez mais, investidores, consumidores e reguladores estão levando em consideração os critérios ESG ao avaliar empresas e tomar decisões de investimento e no agronegócio ao relacionar à adoção de práticas sustentáveis e responsáveis que consideram o impacto ambiental, a responsabilidade social e a boa governança corporativa. Mais informações no próximo capítulo.

Conceitos-chave

IA (inteligência artificial): a IA é um campo da ciência da computação que desenvolve sistemas capazes de simular a inteligência humana, permitindo que as máquinas realizem tarefas que, normalmente, exigem habilidades humanas, como aprendizado, raciocínio, resolução de problemas e reconhecimento de padrões.

Cognitive business: o *cognitive business* refere-se a uma abordagem que utiliza tecnologias avançadas, como inteligência artificial e análise de dados, para capacitar as organizações a tomar decisões mais inteligentes e estratégicas, aproveitando o poder do conhecimento e da aprendizagem automatizada.

Figura 6: Imagem alusiva: inteligência artificial e a inteligência humana

Fonte: Autor - ChatGPT/DALL.E - 2024.

A IA pode trazer diversos benefícios para a administração no agronegócio. Confira algumas possibilidades em que IA pode ser utilizada:

1. **Previsão de safras:** utilizando algoritmos e análise de dados históricos, é possível fazer previsões mais precisas sobre o rendimento das safras, levando em consideração fatores como clima, solo, irrigação e uso de insumos agrícolas de maneira confiável e acelerada.
2. **Monitoramento de pragas e doenças:** por meio do processamento de imagens e reconhecimento de padrões, a IA consegue identificar rapidamente pragas e doenças nas plantações, permitindo uma intervenção precoce e, consequentemente, mais eficaz no controle desses desafios da produção vegetal.
3. **Otimização do uso de insumos:** algoritmos de IA podem analisar dados de solo, histórico de cultivos e condições climáticas para recomendar a quantidade ideal de fertilizantes, defensivos agrícolas e água a serem utilizados, o que pode promover a redução de custos e mitigar desperdícios.

4. **Automação de processos**: a IA pode ser empregada para automatizar tarefas repetitivas e de baixo valor agregado, como a classificação e seleção e higienização de frutas, mais uma vez promovendo a redução de custos, aumento da produtividade e da competitividade.

Esses são apenas alguns exemplos de como a IA pode ser aplicada na administração do agronegócio, contribuindo para uma gestão mais eficiente, sustentável e com melhores resultados.

A pesquisa intitulada "The Cultural Benefits of Artificial Intelligence in the Enterprise", realizada pelo Boston Consulting Group (BCG) em parceria com o MIT Sloan Management Review (MIT SMR), revelou que na América Latina, 51% das companhias que implementaram a inteligência artificial (IA) tiveram retorno financeiro com essa tecnologia. Além disso, 7% dessas empresas experimentaram um retorno considerado significativo. No cenário mundial, 55% das empresas obtiveram lucro, sendo que 11% alcançaram um lucro considerado superior.[4]

A integração de novas tecnologias e a aplicação de inteligência de dados têm sido catalisadores do aumento da produtividade no setor do agronegócio. De acordo com a Embrapa, no período entre 1975 e 2015, os avanços tecnológicos contribuíram com 59% do crescimento do valor bruto da produção agrícola no Brasil. Esse compromisso com a inovação continua a se refletir na prática contemporânea, com pesquisas de 2020 revelando que 84% dos agricultores brasileiros já incorporaram pelo menos uma tecnologia digital em seus processos. Essa tendência ilustra uma transformação significativa na maneira como a agricultura é conduzida, abrindo caminho para uma era de eficiência e sustentabilidade com o uso das novas tecnologias (EY, *Building a better working world* e Centro de Excelência em Agronegócio, 2022[5]).

---

[4] Estudo global do Boston Consulting Group mostra o impacto da inteligência artificial no lucro das empresas. Disponível em: https://netrin.com.br/estudo-global-mostra-o-impacto-da-inteligencia-artificial-no-lucro-das-empresas/

[5] Centro de Excelência de Agronegócios (CEA). Disponível em: https://assets.ey.com/content/dam/ey-sites/ey-com/pt_br/topics/cea/ey-top-10-riscos-e-oportunidades-para-o-agronegocio-2022.pdf

FERRAMENTAS DE IA APLICADAS NO AGRONEGÓCIO:

Robótica e automação: a IA é usada para automatizar várias tarefas na agricultura, como semeadura, colheita e embalagem. Por exemplo, existem robôs que podem colher frutas e legumes, *drones* que podem pulverizar fertilizantes e pesticidas, e sistemas automatizados que podem contar, classificar e até embalar produtos. Estamos vivendo um momento de revolução tecnológica. Na prática, o robô desenvolvido pela Solinftec conseguiu diminuir em até 97% a quantidade de herbicidas aplicados[6].

Análise de imagem: as tecnologias de IA são usadas para analisar imagens de satélite, *drones* ou câmeras para monitorar a saúde das culturas, identificar doenças ou pragas e avaliar o impacto das condições ambientais. Isso pode ajudar os agricultores a tomarem decisões com base em dados em tempo real e com grande confiabilidade. Desta maneira, o gestor pode, de forma mais estratégica, definir quando e onde aplicar fertilizantes, pesticidas ou água, entre outras decisões.

Previsão e modelagem: a IA pode ser usada para modelar e prever vários aspectos da agricultura, como rendimento das culturas, preços de mercado, demanda de produtos e condições climáticas. Isso pode ajudar os agricultores a planejarem suas operações de maneira mais eficiente e eficaz, bem como tomar decisões estratégicas.

Gerenciamento de recursos e agricultura de precisão: a IA pode ajudar a otimizar o uso de recursos na agricultura, como água, fertilizantes e energia, possibilitando a precisão no uso de recursos, otimização da produção e tratamento diferenciado e preciso para cada área plantada. A agricultura de precisão pode envolver o uso de sensores, GPS, *drones*, sistemas de mapeamento e outras ferramentas para coletar e analisar dados sobre condições de campo e culturas.

---

[6] Robô brasileiro atrai produtores americanos na maior feira agrícola dos Estados Unidos. Disponível https://exame.com/agro/robo-brasileiro-atrai-produtores-americanos-na-maior-feira-agricola-dos-estados-unidos/

Conforme descrito, as aplicações da IA são infinitas e devem crescer exponencialmente nos próximos anos. Você pode pesquisar algumas empresas do setor que fornecem tecnologias para o agronegócio, como: Auravant, Regrow, IMBR Agro, Agroreceita, Blue River Technology, a Agribotix, entre outras.

Como seria pesquisar na internet sobre esse tema?

Uma ferramenta acessível de inteligência artificial é o ChatGPT, você conhece? Existe a versão gratuita e a paga, que oferece acesso a inúmeros recursos que podem transformar a forma de viver e fazer gestão.
Saiba como o líder pode usar o ChatGPT acesse:
http://iaperforma.com.br/domine-o-chatgpt-guia-rapido-para-lideres/

Fique conectado: a IA e o AGRO para alimentar o mundo

O Sebrae Agro destaca que: a inteligência artificial (IA), segundo a Oracle, "refere-se a sistemas ou máquinas que imitam a inteligência humana para realizar tarefas e podem se aprimorar iterativamente com base nas informações que coletam". Esse mercado movimentou globalmente, em 2021, US$ 51,5 bilhões, e pode crescer 21%, alcançando US$ 62,5 bilhões, em 2022. E a Organização das Nações Unidas para Alimentação e Agricultura (FAO) relançou um compromisso com as empresas IBM e Microsoft para desenvolver IA com foco em segurança alimentar. O objetivo é atingir a meta de alimentar a população global de quase 10 bilhões até 2050.

Fonte: https://polosebraeagro.sebrae.com.br/a-inteligencia-artificial-ia-ja-chegou-no-agronegocio/

2.5 O empreendedorismo e o agronegócio

O empreendedorismo é o processo de identificar oportunidades, criar e desenvolver novos negócios de maneira rentável e sustentável. Envolve a capacidade de assumir riscos, inovar, tomar decisões e buscar resultados positivos. O empreendedorismo desempenha um papel fundamental na economia, impulsionando o crescimento, a geração de empregos e a inovação.

Os empreendedores do agronegócio identificam oportunidades para o desenvolvimento de novos produtos, serviços e processos que impulsionam a eficiência, a produtividade e a sustentabilidade do setor. Eles buscam soluções inovadoras para os desafios enfrentados pela agricultura, pecuária, agroindústria e demais atividades relacionadas.

Para empreender no agronegócio, é necessário ter conhecimento técnico do setor, compreender as demandas do mercado, estar atualizado sobre tecnologias e tendências, além de ter habilidades de gestão e visão estratégica. Os empreendedores do agronegócio devem identificar lacunas, criar propostas de valor singular, bem como ter capacidade de estabelecer parcerias estratégicas para gerar produtos e serviços oferecidos com valor agregado.

É relevante sinalizar que relação entre empreendedorismo e agronegócio é uma combinação poderosa, pois permite a inovação, o crescimento sustentável e a busca por soluções que atendam às demandas crescentes por alimentos, recursos naturais e produtos agropecuários. Os empreendedores no agronegócio são agentes de transformação, impulsionando a produtividade, a competitividade e a sustentabilidade do setor. Você já pensou em empreender nesse setor? Você pode ser um pequeno produtor, um comerciante, um prestador de serviço e muito mais. Considere essa possibilidade.

História para se inspirar: Simone Silotti, tecnóloga em agronegócio, uma pequena produtora rural em Quatinga – Mogi das Cruzes, no estado de São Paulo, transformou uma dor em uma oportunidade. Em meio à pandemia de COVID-19, quando toneladas de hortaliças estavam em risco de desperdício, devido ao fechamento de restaurantes e feiras, ela se recusou a aceitar o fracasso. Em vez de se render à situação, Simone deu origem à ideia de uma "vaquinha virtual", um projeto que chamou de #FaçaumBemINCRÍVEL. Este se tornou um incrível esforço de sustentabilidade social, ambiental e econômica. Com o apoio de pessoas e empresas solidárias, o projeto permitiu que os agricultores colhessem, embalassem e entregassem pessoalmente suas produções às famílias em insegurança alimentar, recebendo remuneração justa por isso. Passados 3 anos, o projeto, com forte pegada ESG, resgatou mais de 400 toneladas de hortaliças e distribuiu para mais de 350 mil famílias em vulnerabilidade social, em 17 municípios de São Paulo, e ainda constituiu uma cooperativa agrícola, visando o desenvolvimento rural sustentável. O empreendedorismo de Simone recebeu 8 importantes prêmios e reconhecimento internacional, evidenciando como a determinação e a inovação podem gerar soluções poderosas mesmo diante de adversidades.
Saiba mais em **www.facaumbemincrivel.com.**

Seja você também um *case* de inspiração e superação.

2.5.1 Tipos de empresa

De acordo com a legislação brasileira[7], existem diversos tipos de empresas e associações que podem ser constituídos no contexto do agronegócio. Os principais tipos são:

1. **Empresário Individual (EI)**: um tipo de empresa em que uma única pessoa é responsável pela condução e gestão dos negócios, assumindo toda a responsabilidade pelas obrigações da empresa.
2. **Empresa Individual de Responsabilidade Limitada (EIRELI)**: uma forma de empresa que permite ao empreendedor atuar de maneira individual, com a vantagem de ter sua responsabilidade limitada ao capital da empresa, separando-o de seu patrimônio pessoal.
3. **Sociedade Limitada (Ltda.)**: é o tipo comum de empresa em que dois ou mais sócios se unem para realizar atividades empresariais, com responsabilidade limitada ao valor do capital social investido.
4. **Sociedade Anônima (S.A.)**: um tipo de empresa cujo capital é dividido em ações, podendo ser de capital aberto ou fechado, permitindo a captação de recursos por meio da negociação dessas ações no mercado.
5. **Cooperativa**: uma associação de pessoas que se unem voluntariamente para realizar atividades econômicas em comum, visando ao benefício mútuo dos cooperados, como compartilhamento de recursos, comercialização conjunta e fortalecimento no mercado.

---

[7] Existem inúmeras Leis no Brasil. Entre elas, destacam-se: Código Civil – Lei Federal nº 10.406/2002, Lei das Sociedades por Ações, Lei Federal nº 6.404/1976, Lei do Microempreendedor Individual, Lei Complementar nº 128/2008, Lei do Simples Nacional, Lei Complementar nº 123/2006, Lei de Política Agrícola – Lei nº 8.171/1991, Lei de Segurança Alimentar – Lei nº 11.346/2006, Lei dos Agrotóxicos – Lei nº 7.802/1989, Lei de Crimes Ambientais – Lei nº 9.605/1998, Lei de Florestas – Lei nº 12.651/2012. Recomendamos sempre a consulta com um advogado especializado.

6. **Associação**: uma entidade sem fins lucrativos formada por pessoas ou organizações com interesses comuns, buscando promover ações e representar os interesses de seus membros, como produtores rurais, profissionais do agronegócio, entre outros.

No agronegócio, os tipos mais comuns de empresas são as sociedades limitadas (Ltda.) e as cooperativas. As sociedades limitadas são preferidas por produtores rurais que desejam estabelecer parcerias ou sociedades com outros empreendedores para a realização de atividades agrícolas, pecuárias, agroindustriais, entre outras. Esse tipo de empresa oferece a vantagem da limitação da responsabilidade dos sócios ao valor do capital social.

Exemplos de empresas S.A. do agronegócio: Bunge S.A. é uma das maiores empresas de agronegócio do mundo, atuando na produção e comercialização de grãos, alimentos, óleos vegetais e fertilizantes e a JBS S.A. que é uma das principais empresas globais de processamento de proteínas, com atuação na produção e distribuição de carne bovina, suína e de aves.

As cooperativas também desempenham um papel importante no agronegócio, pois permitem que os produtores rurais se associem para obter melhores condições de comercialização, acesso a insumos e serviços, além de compartilhar conhecimentos e recursos. As cooperativas podem ser constituídas por agricultores, pecuaristas, produtores de leite, entre outros segmentos do agronegócio. Exemplos: **Cooperativa Agroindustrial Lar** é uma cooperativa de produtores rurais especializada na produção e comercialização de aves, suínos, leite, grãos e insumos agrícolas. **Cooperativa Central Aurora Alimentos** é uma cooperativa que reúne produtores de suínos, aves e leite, atuando na industrialização e comercialização de produtos derivados dessas atividades.

Os números do cooperativismo no agronegócio são expressivos, pois temos cerca 1 milhão de produtores rurais que fazem parte de 1.173 cooperativas. Os dados são da da Organização das Cooperativas Brasileiras (OCB),entidade que reúne as 4.868 cooperativas que atuam em vários setores, como consumo, crédito, saúde, entre outros. No total, há no Brasil 17 milhões de trabalhadores cooperados[8].

As associações também são frequentemente encontradas no agronegócio, embora não sejam estritamente empresas. Elas são formadas por pessoas ou organizações com interesses comuns, como produtores rurais, empresários do setor agropecuário, ou profissionais ligados ao agronegócio. As associações têm o objetivo de promover o desenvolvimento, a representação e a defesa dos interesses dos seus membros, atuando como entidades de classe ou de apoio ao setor. A Associação Brasileira do Agronegócio (ABAG) é uma associação que reúne empresas e entidades ligadas ao agronegócio, atuando como uma voz representativa do setor e promovendo debates, eventos e ações para o desenvolvimento do agronegócio brasileiro.

A escolha do tipo de empresa ou associação mais adequada dependerá das características do negócio, dos objetivos dos empreendedores e da forma como desejam se organizar e operar no agronegócio. É importante buscar orientação jurídica especializada para entender as particularidades de cada tipo e cumprir as exigências legais correspondentes, que estão sempre e constante mudança.

2.6 Administração na prática: o planejamento estratégico

Para realizar a gestão profissional de uma empresa, é recomendado o uso de técnicas e procedimentos. Nesse sentido, deve-se iniciar pelo planejamento estratégico, que perpassa por definir a identidade da empresa, sua posição atual, sua visão e objetivos futuros, estabelecendo um caminho claro para alcançar o resultado esperado, levando em consideração o contexto atual e futuro em que a empresa está inserida.

O planejamento estratégico compreende como um processo que envolve a definição dos objetivos em longo prazo de uma organização e a elaboração de estratégias para alcançá-los. É uma ferramenta fundamental para

---

8 Fonte: Agro brasileiro tem 1 milhão de cooperados. Disponível em: https://forbes.com.br/forbesagro/2022/07/agro-brasileiro-tem-1-milhao-de-cooperados/

orientar as ações da empresa, identificar oportunidades, antecipar desafios e garantir a sua competividade, sustentabilidade e crescimento no mercado.

O Planejamento Estratégico empresarial é um processo de decisão focado nos objetivos e táticas de longo prazo da organização. Ele define como a empresa se diferenciará dos concorrentes para prosperar, aprimorando o valor de seus produtos e serviços, e delineando sua visão de futuro em longo prazo (Barbieri, 2016).

Para fazer o planejamento estratégico empresarial, você pode seguir os passos abaixo:

1. **Definição da visão e missão**: estabeleça a visão de longo prazo da empresa, que representa o que ela deseja ser no futuro. Em seguida, defina a missão, que descreve o propósito e as atividades da organização.
2. **Análise do ambiente**: avalie o ambiente interno e externo da empresa. Analise os pontos internos fortes e fracos, como recursos, competências e processos, bem como as oportunidades e ameaças externas, como o mercado, a concorrência, a economia e as tendências.
3. **Estabelecimento de objetivos**: defina objetivos claros e mensuráveis que sejam consistentes com a visão e missão da empresa. Esses objetivos devem ser desafiadores, porém alcançáveis, além disso, devem estar alinhados com o contexto do mercado.
4. **Formulação de estratégias**: desenvolva estratégias para alcançar os objetivos estabelecidos. Identifique as melhores abordagens para posicionar a empresa no mercado, explorar oportunidades e superar desafios. Isso pode envolver decisões relacionadas a produtos, marketing, operações, finanças e recursos humanos.
5. **Implementação e controle**: coloque as estratégias em prática e monitore o progresso regularmente. Acompanhe os resultados, faça ajustes, quando necessário, e garanta que a empresa esteja seguindo o caminho definido no planejamento estratégico.

6. **Missão**: a missão de uma organização é uma declaração concisa que descreve o propósito fundamental da empresa, ou seja, o motivo pelo qual ela existe. Ela define a razão de ser da organização, seus principais produtos, serviços ou benefícios oferecidos aos clientes e *stakeholders*. Para Maximiano (2007, p.124), "a missão define o papel da organização na sociedade". Logo, a missão orienta as atividades da empresa e ajuda a estabelecer uma identidade única e uma direção.
7. **Visão**: a visão de uma organização é uma declaração que descreve a imagem ou estado futuro desejado para a empresa. Ela representa a aspiração em longo prazo e a direção na qual a organização deseja se mover. A visão é uma declaração inspiradora, que desafia a empresa a alcançar metas ambiciosas e a superar obstáculos para se tornar líder em seu setor. Ela fornece uma visão clara do que a organização almeja ser no futuro.
8. **Valores**: os valores de uma organização são os princípios norteadores da sua forma de pensar e agir, sendo compostos também pelas crenças fundamentais que guiam o comportamento e as decisões dentro da empresa. Eles representam as convicções e padrões éticos que a organização valoriza e promove. Os valores organizacionais são um conjunto de diretrizes que ajudam a moldar a cultura e a identidade da empresa, influenciando a forma como os colaboradores interagem, tomam decisões e conduzem os negócios.

Esses três elementos — missão, visão e valores — são componentes fundamentais para estabelecer uma base sólida e direcionar as atividades e decisões de uma organização. São também a base da cultura organizacional.

Eles fornecem clareza sobre o propósito, a direção e os princípios pelos quais a empresa se guia, ajudando a alinhar as ações de todos os envolvidos e a alcançar os objetivos estratégicos.

Figura 7: Figura alusiva a estratégia – jogo de xadrez

Fonte: Autor - ChatGPT/DALL.E - 2024.

Caso prático: Nestlé é uma empresa do setor de agronegócio

Missão: "Oferecer produtos e serviços de qualidade, que sejam seguros e nutricionalmente equilibrados, para melhorar a qualidade de vida das pessoas e contribuir para um futuro mais saudável."

Visão: "Ser a empresa líder em nutrição, saúde e bem-estar, proporcionando produtos confiáveis e de alta qualidade que atendam às necessidades e preferências dos consumidores."

Valores:

- Qualidade: compromisso em fornecer produtos de alta qualidade, seguros e confiáveis, atendendo aos mais altos padrões de segurança alimentar.

- Nutrição: busca por soluções nutricionais inovadoras e responsáveis, promovendo escolhas alimentares equilibradas e saudáveis.
- Respeito: valorização da diversidade, dos indivíduos e das culturas, promovendo relacionamentos de confiança e respeito mútuo.
- Responsabilidade: comprometimento com a responsabilidade social e ambiental, buscando a sustentabilidade em todas as operações e contribuindo para o desenvolvimento das comunidades onde atua.
- Qualidade de vida: foco em melhorar a qualidade de vida dos consumidores, oferecendo opções alimentares saudáveis e contribuindo para um estilo de vida equilibrado.

Na prática: para definir a missão, visão e valores – FERRAMENTA – MVV

Passo 1: Reflexão sobre a missão e propósito

- Faça uma reflexão profunda sobre o propósito da empresa, questionando o porquê de sua existência e a contribuição que ela deseja fazer para o mundo. Pergunte-se:

    a) Qual é a razão fundamental para a existência da empresa?
    b) O que nos motiva e nos diferencia das demais?
    c) Como podemos resumir nosso propósito em uma declaração clara e inspiradora que descreva o que fazemos, para quem e como?
    d) Qual é a contribuição única que nossa empresa pode oferecer aos clientes e à sociedade?
    e) Quais são as motivações e valores que impulsionam nossas ações?

Passo 2: Identificação dos valores

- Liste os valores que são essenciais para a empresa e que irão nortear suas ações e decisões. Considere características como ética, inovação, sustentabilidade, responsabilidade social, entre outras. Pergunte-se:

a) Quais são os valores que queremos que nossa empresa represente? Como queremos que nossos colaboradores e clientes nos enxerguem? Como nossos valores podem impactar positivamente nossos colaboradores, clientes e comunidades?

Passo 3: Criação da visão

- Imagine o futuro desejado para a empresa e visualize onde vocês querem estar em longo prazo. Pense em metas ambiciosas e inspiradoras. Pergunte-se:

a) Qual é a nossa visão para o futuro? Como queremos que a empresa seja reconhecida daqui a 5, 10 ou 20 anos?
b) Quais são os principais objetivos ou marcos que queremos alcançar em nosso caminho para o futuro?
c) Qual é a nossa ambição e como queremos ser reconhecidos no mercado em que atuamos?

Passo 4: Alinhamento e revisão

- Verifique se a missão, visão e valores estão alinhados com a identidade e objetivos da empresa. Revise-os periodicamente para garantir que continuem relevantes e adequados ao contexto.
- Nossos valores, missão e visão estão alinhados com as necessidades e expectativas dos clientes?
- Como podemos garantir que esses elementos sejam comunicados e incorporados em todas as áreas da empresa?

- Com que frequência devemos revisar e atualizar nossa declaração de missão, visão e valores para garantir sua relevância contínua?

Essas perguntas adicionais podem ajudar a aprofundar a reflexão e promover discussões mais detalhadas durante o processo de definição da missão, visão e valores da empresa.

Lembre-se de que essa ferramenta é um ponto de partida e pode ser adaptada de acordo com as necessidades e características específicas da empresa. É importante envolver as partes interessadas nesse processo, como colaboradores e líderes, para obter uma perspectiva abrangente e garantir um engajamento maior na implementação dos elementos definidos.

2.6.1 Como definir metas e objetivos?

Metas e objetivos são dois conceitos relacionados, porém distintos. Aqui está a diferença entre eles:

1. **Objetivos**: os objetivos são declarações amplas e abrangentes que descrevem as metas gerais que uma organização ou indivíduo deseja alcançar. Eles são a expressão dos resultados desejados e fornecem uma direção clara para orientar as ações e decisões. Os objetivos, geralmente, são de longo prazo e descrevem o destino ou estado desejado. Para Maximiano (2007, p. 122), "os objetivos são os resultados desejados, que orientam o intelecto e a ação". Conforme o autor, os objetivos têm relação com a definição do que se deseja, reflexão sobre o que fazer e como fazer, e em seguida ação, aplicação.
2. **Metas**: as metas são etapas específicas e mensuráveis que ajudam a alcançar os objetivos estabelecidos. Elas são os marcos intermediários que devem ser alcançados para progressivamente avançar em direção aos objetivos. As metas são mais detalhadas, mensuráveis, alcançáveis, relevantes e com prazos definidos. Elas fornecem uma estrutura para monitorar o progresso e avaliar o desempenho ao longo do caminho.

Diante do exposto, os objetivos são as declarações amplas que definem a direção e o destino desejado, enquanto as metas são as etapas específicas e mensuráveis que ajudam a alcançar esses objetivos. As metas são mais detalhadas e fornecem um plano de ação concreto para progredir em direção aos objetivos.

A técnica SMART é um acrônimo que representa um conjunto de critérios que podem ser utilizados para a definição de metas e objetivos de forma clara e eficaz. Cada letra do acrônimo SMART representa um atributo que uma meta ou objetivo deve ter, como veremos a seguir:

1. **S – Específico (*specific*)**: a meta ou objetivo deve ser específico, claramente definido e direcionado para um resultado particular. Deve responder às perguntas do tipo: O quê? Quem? Onde?
2. **M – Mensurável (*measurable*)**: a meta ou objetivo deve ser mensurável, ou seja, deve ser possível quantificar ou qualificar o progresso e o resultado. Devem-se utilizar indicadores ou critérios objetivos para medir o resultado esperado.
3. **A – Atingível (*attainable*)**: a meta ou objetivo deve ser alcançável, desafiador, mas realista e viável dentro das circunstâncias e recursos disponíveis. Deve-se considerar a realidade, as capacidades e restrições existentes.
4. **R – Relevante (*relevant*)**: a meta ou objetivo deve ser relevante e alinhado aos objetivos gerais, da organização ou pessoa. Deve estar relacionado com a missão, visão e valores da organização e alinhado com planejamento estratégico.
5. **T – Temporal (*time-bound*)**: a meta ou objetivo deve ter um prazo definido, estabelecendo um período específico para sua realização. Deve haver um senso de urgência e um prazo-limite para manter o foco e a responsabilidade.

Ao se utilizar a técnica SMART, as metas e objetivos se tornam mais específicos, mensuráveis, alcançáveis, relevantes e com prazos definidos, facilitando a definição de ações concretas e a avaliação do progresso. Essa abordagem ajuda a aumentar a eficiência e o sucesso na busca pelos resultados desejados.

Vamos supor que uma fazenda no agronegócio queira definir uma meta SMART relacionada à produtividade de sua lavoura de milho. Aqui está um exemplo:

1. **Meta:** aumentar a produtividade da lavoura de milho em 20% até o final do próximo ano.
2. **Específico**: a meta é claramente definida, focada no aumento da produtividade da lavoura de milho.
3. **Mensurável**: aumentar a produtividade em 20% é uma métrica mensurável que pode ser quantificada em termos de rendimento por hectare ou produção total.
4. **Atingível**: a meta de aumentar a produtividade em 20% é desafiadora, mas, considerando as práticas agrícolas, recursos disponíveis e histórico da fazenda, é considerada viável.
5. **Relevante**: aumentar a produtividade da lavoura de milho é relevante para a fazenda, pois contribuirá para melhorar a rentabilidade e competitividade no mercado.
6. **Temporal**: a meta tem um prazo definido, com dia, mês e ano – exemplo: 21/06/2025 –, ou seja, uma data específica para alcançar o objetivo.

Com essa meta SMART estabelecida, a fazenda terá uma direção clara e concreta para implementar ações, como a adoção de práticas de manejo aprimoradas, uso adequado de insumos, investimento em tecnologia agrícola e monitoramento constante do progresso, visando alcançar o aumento de 20% na produtividade da lavoura de milho até o prazo estabelecido.

2.6.2 Como fazer a análise estratégica?

Análise do ambiente é uma etapa inicial para o planejamento estratégico. Confira os passos elementares para realizar essa análise:

1. **Identifique os fatores externos**: comece identificando os principais fatores externos que podem afetar a organização. Isso inclui fatores políticos, econômicos, sociais, tecnológicos, legais e ambientais (conhecidos como análise PESTEL). Analise as tendências, oportunidades e ameaças que esses fatores podem representar.
2. **Analise a concorrência**: analise os concorrentes diretos e indiretos da organização. Identifique seus pontos fortes e fracos, estratégias, participação de mercado e capacidades. Quanto maiores e melhores informações da concorrência, mais fácil de prever movimentos e tomar decisões mais acertadas ao compreender o posicionamento da concorrência.
3. **Conheça o mercado**: realize uma análise detalhada do mercado em que a organização atua. Analise o tamanho do mercado, se está em crescimento ou declínio, nichos, tendências de consumo, preferências dos clientes, comportamento dos compradores e as inovações e tecnologias utilizadas.
4. **Avalie o ambiente interno**: analise os recursos materiais, financeiros, capacidades e competências internas da organização. Identifique os pontos fortes que podem ser aproveitados e as fraquezas que precisam ser superadas. Considere também a cultura organizacional, estrutura, processos internos, número de colaboradores e o nível de especialização e engajamento.
5. **Identifique os *stakeholders*[9]**: identifique e analise os *stakeholders* relevantes, como clientes, fornecedores, parceiros, investidores,

[9] Os *stakeholders* são as partes interessadas, que compõe de sócios, investidores, funcionários, fornecedores, cliente, Governos, Bancos, sociedade etc.

comunidade local e reguladores. Compreender suas expectativas, necessidades e influências é fundamental para o planejamento estratégico.

6. **Analise as tendências e inovações**: Fique atento às tendências emergentes e inovações no setor do agronegócio. Considere as mudanças tecnológicas, regulatórias, de mercado e comportamentais que possam impactar a organização, ou seja, você como agente de inovação.
7. **Sintetize as informações**: Após coletar os dados relevantes, organize e sintetize as informações em uma visão geral do ambiente. Identifique os principais pontos fortes, fraquezas, oportunidades e ameaças que podem influenciar a formulação de estratégias alinhadas com o contexto, considerando realidade e a missão, visão e valores da organização.

Ao realizar a análise do ambiente de forma abrangente e sistemática, a organização terá *insights* valiosos para embasar a formulação da estratégia e tomada de decisões – para tanto, o diagnóstico é fundamental. Para Maximiano (2007, p. 10), "diagnóstico consiste em entender o problema ou oportunidade e identificar suas causas e consequências". Essa análise fornece uma compreensão mais completa do contexto em que a organização está inserida, permitindo a identificação de direções estratégicas mais adequadas e oportunidades de crescimento. Agora vamos para prática com uma ferramenta.

2.6.3 Ferramenta de análise SWOT

Análise SWOT é uma ferramenta de gestão estratégica que auxilia as organizações a avaliarem o ambiente interno, ou seja, seus pontos fortes (*strengths*), fraquezas (*weaknesses*), e também o ambiente externo composto por oportunidades (*opportunities*) e ameaças (*threats*) em relação a um determinado objetivo.

Os pontos fortes e fraquezas referem-se aos fatores internos, como recursos, habilidades, processos e estrutura organizacional. Já as oportunidades e ameaças referem-se aos fatores externos, como tendências de mercado, concorrência, mudanças tecnológicas, aspectos econômicos e regulatórios.

Para realizar uma análise SWOT de forma clara e sucinta, siga os passos abaixo:

1. **Identifique os pontos fortes**: liste as características, recursos e habilidades internas que proporcionam uma vantagem competitiva à organização. Exemplos podem incluir uma equipe experiente, tecnologia avançada, marca reconhecida ou processos eficientes.
2. **Identifique as fraquezas**: identifique as limitações, deficiências ou áreas de melhoria internas que podem prejudicar a organização. Isso pode incluir falta de recursos, processos ineficientes, falta de experiência ou problemas de qualidade.
3. **Investigue as oportunidades**: analise o ambiente externo em busca de oportunidades que a organização possa aproveitar. Isso pode incluir mudanças nas necessidades dos clientes, novos mercados, avanços tecnológicos ou tendências favoráveis.
4. **Identifique as ameaças:** identifique os fatores externos que podem representar riscos ou desafios para a organização. Isso pode incluir concorrência intensa, mudanças regulatórias, instabilidade econômica ou avanços tecnológicos de concorrentes.
5. **Faça uma síntese**: resuma os principais pontos identificados em cada categoria da análise SWOT. Destaque as principais conclusões e prioridades estratégicas com base nas informações levantadas.

Tradicionalmente a análise SWOT é apresentada conforme Quadro 3, a seguir:

Quadro 3 - Análise SWOT

Pontos fortes	Pontos fracos
• Produto de alta qualidade • Marca forte e reconhecida	• Falta de capital de giro • Atendimento
Oportunidades	**Ameaças**
• Parcerias • Utilização de IA	• Concorrência • Crise econômica

Fonte: Matteu, 2024.

Ao realizar uma análise SWOT de forma objetiva e clara, a organização ganha *insights* importantes para embasar a tomada de decisões estratégicas. A análise SWOT também é conhecida pelo acrônimo **FOFA**, que significa **F**orças, **O**portunidades, **F**raquezas e **A**meaças.

Essa análise é sempre um ponto de partida, e não um ponto-final. Após a realização de análise SWOT, é fundamental fazer um plano de ação, devidamente estruturado, conforme demostrado a seguir.

2.6.4 Crie um plano de ação estruturado

Para criar um plano de ação a partir de uma análise SWOT, é possível utilizar a metodologia 5W2H. A sigla 5W2H representa as seguintes perguntas:

1. **What? (O que será feito?)**: definir claramente as ações específicas que serão realizadas para abordar cada um dos pontos identificados na análise SWOT, sendo para fortalecer os pontos fortes, neutralizar os pontos fracos, aproveitar as oportunidades e se proteger das ameaças.
2. **Why? (Por que será feito?)**: a alavanca preciosa para a realização do plano é o seu porquê. Compreender o propósito e os objetivos

por trás de cada ação. Qual impacto se espera alcançar e por que é importante para a organização e para as pessoas envolvidas.

3. **Who? (Quem será responsável?)**: esse é um dos fatores mais críticos no plano de ação, definir as pessoas responsáveis para execução, que podem ser pessoas ou equipes, para garantir que as ações sejam executadas de forma adequada, considerando ser eficiente e eficaz.
4. **When? (Quando será feito?)**: definir prazos claros para a realização de cada ação. Estabelecer datas de início e conclusão para acompanhar o progresso e garantir a conclusão dentro do tempo planejado. É recomendado ter uma margem de segurança.
5. **Where? (Onde será feito?)**: identificar os locais físicos ou departamentos em que cada ação será executada, caso seja relevante para a implementação do plano.
6. **How? (Como será feito?)**: detalhar os métodos, recursos e abordagens que serão utilizados para executar cada ação de forma eficiente. Tem relação com a estratégia utilizada para a realização do plano. É recomendado descrever detalhadamente o passo a passo necessário.
7. **How much? (Quanto custará?)**: determinar os recursos financeiros necessários para implementar cada ação. Avaliar o orçamento disponível e identificar possíveis custos adicionais e fontes de receita para viabilizar o projeto.

Ao aplicar a metodologia 5W2H ao desenvolvimento de um plano de ação, a partir de uma análise SWOT, você será capaz de definir de forma clara e objetiva as ações a serem realizadas, quem será responsável por elas, quando serão executadas, onde ocorrerão, como serão implementadas e qual será o custo envolvido. Essa abordagem auxilia na organização e execução efetiva das ações para abordar os desafios e aproveitar as oportunidades identificadas na análise SWOT. Dessa forma, fica definido o plano da próxima etapa, a execução e o monitoramento para realização conforme planejado.

FIQUE CONECTADO COM O MERCADO

A EY | *Building a better working world*, por meio do Centro de Excelência de Agronegócios (CEA), realizou uma pesquisa com cargos C-level e identificou 10 riscos e oportunidades para o setor do agronegócio, conforme visto na imagem abaixo:

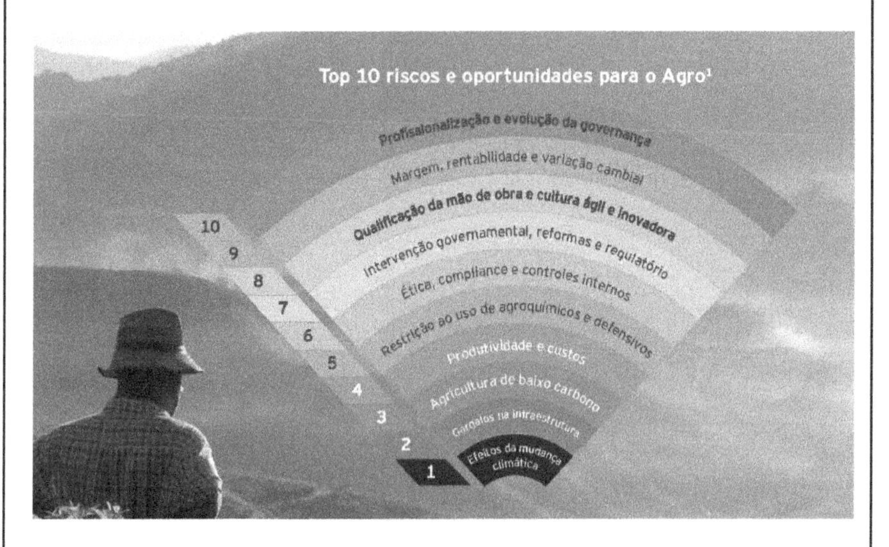

Fonte: https://assets.ey.com/content/dam/ey-sites/ey-com/pt_br/topics/cea/ey-top-10-riscos-e-oportunidades-para-o-agronegocio-2022.pdf

Importante: a ferramenta 5W2H pode ser utilizada em outros contextos.

Conheça outras ferramentas do planejamento estratégico:

1. **Matriz BCG**: classificação das unidades de negócios em uma matriz com base no crescimento do mercado e na participação de mercado, utilizada para gestão do portfólio dos produtos.
2. **Matriz GE/McKinsey**: análise multidimensional que considera vários critérios, como a posição competitiva, atratividade do mercado e recursos da empresa.

3. **5 Forças de Porter**: análise das forças competitivas que afetam a atratividade de uma indústria, incluindo o poder de negociação dos fornecedores, poder de negociação dos compradores, ameaça de novos entrantes, ameaça de produtos substitutos e rivalidade entre concorrentes e direciona para estratégias genéricas.
4. **Árvore de objetivos**: estrutura hierárquica que descreve os objetivos principais e os subobjetivos necessários para alcançá-los.
5. **Matriz de priorização**: classificação de projetos, ideias ou iniciativas com base em critérios predefinidos, como impacto, esforço e viabilidade.
6. ***Balanced scorecard***: medição do desempenho organizacional com base em quatro perspectivas: financeira, clientes, processos internos e aprendizado e crescimento.
7. **Matriz de Ansoff**: identificação de quatro estratégias de crescimento, que incluem penetração de mercado, desenvolvimento de produtos, desenvolvimento de mercados e diversificação.

Estas ferramentas listadas são preciosas para que o gestor possa colocar em prática o planejamento estratégico, bem como mensurar sistematicamente os resultados.

2.7 Gestão da qualidade e da produção

A gestão da qualidade tem como objetivo principal garantir a excelência e a satisfação do cliente, levando em consideração tanto a qualidade percebida pelo cliente quanto os padrões estabelecidos internamente ou por referências externas. Um exemplo de padronização internacional amplamente utilizada é a série de normas ISO (International Organization for Standardization), que é a Organização Internacional para Padronização, com sede na Suíça, que estabelece inúmeras padronizações, como a **ISO 9001**, que estabelece diretrizes para um sistema de gestão da qualidade; **ISO 14001**, que é a norma para sistemas de gestão ambiental; **ISO 22000**, que é a norma para sistemas de gestão da segurança de alimentos; **ISO/TS 22002-3**, que é a norma que estabelece as regras para a implementação de medidas de pré-requisitos na produção primária de alimentos[10].

No agronegócio, a qualidade desempenha um papel fundamental, pois afeta a segurança alimentar, devendo estar em conformidade com a legislação vigente, regulamentos e padrões de qualidade, a rastreabilidade dos produtos, objetivando a satisfação do cliente e o fortalecimento da marca. A seguir, alguns exemplos de aplicação:

1. **Segurança alimentar**: garantir que os alimentos produzidos estejam em conformidade com padrões de qualidade e segurança, minimizando riscos de contaminação e preservando a saúde dos consumidores.
2. **Certificações e selos de qualidade**: a obtenção de certificações, como a Certificação Orgânica ou o Selo de Indicação Geográfica, pode agregar valor aos produtos agrícolas, demonstrando a qualidade e a procedência controlada.
3. **Controle de processos e rastreabilidade**: a qualidade é essencial para garantir a rastreabilidade dos produtos, permitindo o rastreamento desde o campo até a mesa do consumidor, assegurando a conformidade com regulamentos e proporcionando transparência aos clientes. Como exemplo, devemos observar Instrução Normativa Conjunta Anvisa-Mapa nº 02, de 07/02/2018 (INC 02/2018). A legislação se aplica à cadeia de produtos vegetais frescos, nacionais e importados.
4. **Melhoria contínua**: também conhecida como Kaizen, a gestão da qualidade no agronegócio busca promover a melhoria contínua dos processos, aprimorando a eficiência, a produtividade e a qualidade dos produtos.

---

[10] Mais Informações: https://www.iso.org/about-us.html

Algumas das principais ferramentas utilizadas na gestão da qualidade incluem:

- **Diagrama de Ishikawa** (Espinha de Peixe): ferramenta utilizada para identificar e visualizar as possíveis causas de um problema ou falha de qualidade.
- **Diagrama de Pareto:** o diagrama de Pareto é um gráfico que mostra quais problemas ocorrem mais frequentemente e ajuda a focar aqueles que têm maior impacto, seguindo a ideia de que 80% dos problemas são provocados por 20% das causas.
- **Fluxograma**: o fluxograma é um desenho simples que mostra os passos de um processo em ordem, ajudando a entender, padronizar e melhorar o trabalho, o que economiza tempo e dinheiro ao reduzir erros e tarefas repetidas.
- **5 Porquês**: técnica utilizada para investigar a causa-raiz de um problema, fazendo perguntas sucessivas sobre o porquê de o problema ocorrer.

Essas ferramentas auxiliam na identificação, análise e resolução de problemas, bem como na implementação de melhorias e no controle de qualidade.

2.7.1 Gestão da produção e a qualidade no agronegócio

A gestão da produção no agronegócio envolve o planejamento, organização e controle de todas as atividades associadas à produção de vegetal e animal, que inclui a seleção de sementes, plantio, colheita, armazenamento, processamento e distribuição, entre outros processos. Cada uma dessas etapas é crucial e requer um gerenciamento cuidadoso para garantir a eficiência e a eficácia da produção.

A qualidade, por outro lado, refere-se às características desejadas de um produto ou serviço que atendem às expectativas dos consumidores e aos padrões regulatórios. No agronegócio, a qualidade é de extrema importância, pois afeta diretamente a saúde e a segurança dos consumidores. A qualidade dos produtos agrícolas pode ser afetada por várias variáveis, como condições climáticas, práticas de cultivo e métodos de armazenamento e processamento.

A relação entre qualidade e gestão da produção é intrínseca e crucial para o êxito de qualquer negócio, incluindo o agronegócio. A gestão eficaz da produção é fundamental para garantir a qualidade dos produtos agrícolas. Por exemplo, o uso adequado de fertilizantes e pesticidas, a implementação de práticas agrícolas sustentáveis e o armazenamento adequado dos produtos são todos aspectos da gestão da produção que afetam diretamente a qualidade dos produtos.

Da mesma forma, a implementação de sistemas de gestão da qualidade, como a ISO 9001, pode ajudar as organizações agrícolas a implementar processos e procedimentos padronizados que garantam a qualidade em todas as etapas da produção. Essa conexão pode ajudar a aumentar a eficiência, reduzir o desperdício e melhorar a satisfação do cliente.

Logo, a qualidade e a gestão da produção são interdependentes e fundamentais para o êxito na gestão do agronegócio. Uma gestão da produção eficiente é base para garantir a qualidade dos produtos agrícolas, o que, por sua vez, é vital para a satisfação do cliente, a conformidade regulatória e a competitividade no mercado. Portanto, é fundamental que as organizações agrícolas implementem práticas robustas de gestão da produção e gestão da qualidade para garantir o sucesso em longo prazo.

O gerenciamento eficaz da produção, juntamente com o foco na qualidade e produtividade torna o Brasil um dos maiores produtores de alimento do mundo.

Em 2021, o Brasil alcançou marcas elevadas no setor agropecuário: consolidou-se como o principal exportador global de soja, com 91 milhões de toneladas; e figurou como o terceiro maior produtor de milho e feijão, com produções de 105 milhões e 2,9 milhões de toneladas, respectivamente. No segmento de frutas, o país se posicionou em terceiro lugar no ranking mundial. Já na produção de café em grãos, o Brasil se destacou, liderando o mercado internacional com uma participação de 32%, o que corresponde a 3,4 milhões de toneladas. Além disso, respondeu por mais de um terço da produção mundial de açúcar, mantendo a liderança global nesse segmento; e foi responsável pelo maior volume de exportações de carne bovina no mundo, totalizando 2,5 milhões de toneladas. (Embrapa, 2022). [11]

As aplicações recentes de inteligência artificial (IA) e visão computacional no setor agrícola vêm crescendo de maneira exponencial. Um algoritmo foi desenvolvido para analisar a cor de cinco partes diferentes do tomate e estimar a maturidade com base nesses dados, alcançando uma taxa de detecção e classificação de 99,31%. Outra pesquisa focou a avaliação da qualidade da cenoura, definida por critérios como formato (um "polígono convexo") e ausência de raízes fibrosas ou rachaduras superficiais. O modelo de visão computacional aplicado neste caso apresentou taxas de precisão de 95,5%, 98% e 88,3% para cada critério, respectivamente (Rizzoli, 2021).

Além disso, uma rede neural convolucional profunda (CNN) foi desenvolvida para identificar e avaliar a podridão-negra em maçãs. Este modelo foi treinado usando um conjunto de imagens de maçãs infectadas, anotadas por especialistas em quatro estágios de severidade. O modelo alcançou uma precisão diagnóstica de 90,4%, oferecendo uma alternativa aos métodos tradicionais de avaliação manual. Em outro estudo, um modelo de visão computacional identificou e contou abelhas, moscas, mosquitos, mariposas, formigas e moscas-da-fruta com precisão de 90,18% e 92,5%, respectivamente (Rizzoli, 2021[12]).

A visão computacional pode também ser utilizada na produção animal, para contar o gado, por exemplo, detectar doenças, identificar comportamentos incomuns e monitorar atividades significativas, como o parto, associado à coleta de dados de câmeras e/ou *drones* e combinado com outras tecnologias para manter os agricultores informados sobre a saúde animal e o acesso a alimentos ou água. A figura a seguir demostra, em tempo real, o comportamento das galinhas, que

[11] **Ciência e tecnologia tornaram o Brasil um dos maiores produtores mundiais de alimentos. Disponível em:** < https://www.embrapa.br/busca-de-noticias/-/noticia/75085849/ciencia-e-tecnologia-tornaram-o-brasil-um-dos-maiores-produtores-mundiais-de-alimentos>

[12] RIZZOLI, Alberto. 8 Aplicações Práticas da IA na Agricultura. Disponível em < https://www.v7labs.com/blog/ai-in-agriculture#:~:text=%E3%80%9064%E2%80%A0Another%20study%E2%80%A0www,31>

classifica se estão comendo, bebendo ou descansando. Se houver alguma com comportamento estranho, pode ser um indicativo de doença (Rizzoli, 2021[13]).

Figura 8: Mapeamento do comportamento das galinhas

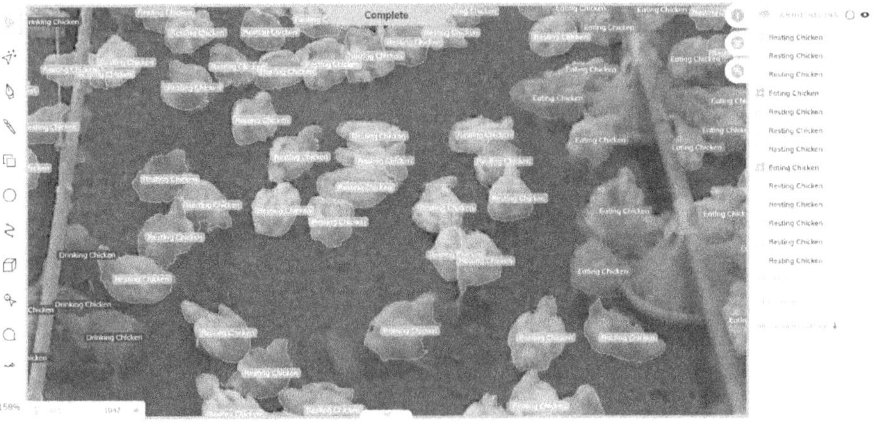

Fonte: https://www.v7labs.com/blog/ai-in-agriculture.

2.7.2 As principais ferramentas de gestão da produção

As ferramentas de gestão da produção são decisivas para maximizar a eficiência, melhorar a qualidade e aumentar a rentabilidade no agronegócio. A seguir, listamos as principais ferramentas da gestão da produção e suas respectivas aplicações no agronegócio:

1. **Sistema ERP (*Enterprise Resource Planning*):** um sistema ERP ajuda a integrar várias funções de negócios, como compras, vendas, finanças e operações, em um único sistema. No agronegócio, pode contribuir no gerenciamento do inventário, as ordens de compra, a logística, a contabilidade e outros processos críticos.

[13] RIZZOLI, Alberto. 8 Aplicações Práticas da IA na Agricultura. Disponível em < https://www.v7labs.com/blog/ai-in-agriculture#:~:text=%E3%80%9064%E2%80%A0Another%20study%E2%80%A0www,31>

2. **Sistema de gestão da qualidade (SGQ)**: um SGQ ajuda a gerenciar e manter a qualidade dos produtos em todas as etapas da produção. No agronegócio, possibilita o monitoramento da qualidade do solo, o controle de pragas e doenças, a gestão de resíduos e o cumprimento dos padrões regulatórios.
3. **Planejamento e programação da produção (PPP)**: o PPP envolve o planejamento detalhado de todas as etapas da produção, desde a preparação do solo até a colheita e o armazenamento. Essa abordagem ajuda a garantir que todos os recursos, como mão de obra, maquinário e insumos, estejam disponíveis no momento certo, na quantidade certa e no lugar certo.
4. **Sistema de execução de manufatura (MES)**: o MES ajuda a gerenciar, monitorar e otimizar as operações de produção em tempo real. Na aplicação, no agronegócio, pode envolver o monitoramento do desempenho das máquinas, a gestão do trabalho e a otimização do uso de recursos.
5. **Sistema de informação geográfica (SIG)**: um SIG possibilita coletar, armazenar e analisar dados geográficos. Esse sistema contribui significativamente para o agronegócio e pode ser usado para otimizar a utilização da terra, monitorar a saúde das culturas e gerenciar os recursos naturais de forma mais eficiente e eficaz.
6. ***Lean manufacturing* (produção enxuta)**: o *lean manufacturing* envolve a identificação e eliminação de desperdícios na produção. No agronegócio, pode gerar a redução de desperdícios de insumos, a otimização do uso de maquinário e a melhoria da eficiência dos processos de produção.
7. **Six sigma:** é uma metodologia que foca na melhoria contínua dos processos de produção para reduzir defeitos e variabilidade. Sua aplicação na área do agronegócio pode causar a otimização dos processos de plantio, colheita, processamento e armazenamento para garantir a máxima qualidade e eficiência.

Essas são apenas algumas das muitas ferramentas de gestão da produção disponíveis. A aplicação correta dessas ferramentas pode ajudar as organizações agrícolas a operarem de forma mais eficiente e eficaz, resultando em produtos de alta qualidade e maior rentabilidade.

Caso prático : eliminação de gargalos e aumento do faturamento[14]

Cacoal, conhecida como a Capital do Café em Rondônia, vivenciou uma transformação notável em sua indústria de agronegócio graças à implementação de práticas de *Lean Manufacturing*. Em 2017, a Fundação Nacional da Qualidade (FNQ) e a Agência Brasileira de Desenvolvimento Industrial (ABDI) estabeleceram um convênio de cooperação técnica e financeira com o objetivo de implementar ações de extensão industrial, tecnológica e gerencial em 40 empresas, sendo 20 delas localizadas em Cacoal. O principal objetivo dessa iniciativa era estimular o aumento da produtividade, fortalecendo assim a indústria local, a empregabilidade e a competitividade das organizações.
A implementação da metodologia de *lean manufacturing* foi crucial para esse processo de transformação. Após um diagnóstico detalhado e a aplicação da metodologia, as empresas conseguiram eliminar os gargalos de produção, o que resultou em um aumento significativo no faturamento. Empresas de médio e pequeno porte do polo de Cacoal experienciaram várias melhorias qualitativas, como a eliminação de gargalos de produção, identificação de novos produtos, desenvolvimento de planos de ação para melhorar o ambiente de trabalho, implementação de planejamento estratégico e divulgação de pesquisa de satisfação, e melhorias no layout da fábrica. Houve um aumento no faturamento devido à introdução de novos produtos com maior margem de contribuição, obtenção de licenças importantes, como o Serviço de Inspeção Federal (SIF), e um aumento geral na produção.

[14] Fonte: Casos de Sucesso FNQ. Disponível em https://fnq.org.br/case-meg21-abdi-cacoal/

Quer saber mais? A Fundação Nacional de Qualidade (FNQ) atua em disseminação, educação, diagnóstico e consultoria com foco na gestão voltada para a excelência e transformação das organizações do Brasil – Acesse: https://fnq.org.br/.

Uma outra ferramenta poderosa da área da qualidade e da administração é o ciclo PDCA, criado por Walter Andrew Shewhart. Também conhecido como ciclo de Deming, o PDCA é uma técnica que significa: ***plan-do--check-act***, ou seja, é um ciclo de melhoria contínua que envolve **planejar, executar, verificar e agir** corretivamente para promover melhorias progressivas na qualidade.

O ciclo PDCA representa uma abordagem gerencial que delineia os passos necessários para alcançar os objetivos propostos. A aplicação deste método pode exigir o uso de diversas ferramentas analíticas para coletar, processar e organizar as informações que são importantes para orientar as fases do PDCA (Werkema, 2012).

Conforme destacado, o PDCA contribui para o alcance de objetivos e dispõe de fases que coletam informações valiosas para a tomada de decisão. Essa técnica tem aplicação em diversos contextos. Podemos, inclusive, trazê-la para o contexto do agronegócio com o acrônimo PERA (planejamento, execução, revisão, ação corretiva e melhoria contínua), conforme mostra a Figura 9:

Figura 9: Ilustração do PDCA/PERA

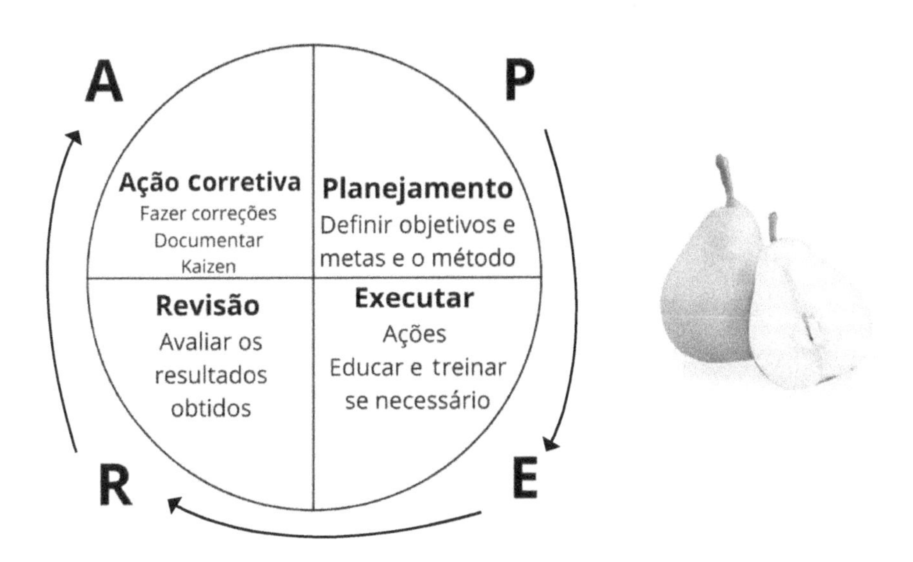

Esta figura traduz as etapas do PDCA, aqui descrito como PERA em alusão ao agronegócio.

As perguntas norteadoras para a gestão da qualidade podem incluir:

a) Qual é a percepção atual dos clientes em relação à qualidade dos produtos ou serviços?
b) Quais são os padrões internos e as referências externas de qualidade aos quais se deve atender?
c) Como posso aplicar os padrões ISO e/ou outros padrões na minha organização?
d) Como está a rastreabilidade e controle dos meus produtos?
e) Quais são as principais falhas, problemas ou reclamações relacionadas à qualidade que precisam ser abordados?
f) Como posso utilizar o PDCA/PERA no dia a dia da minha organização?

g) Quais são as medidas e os indicadores de qualidade que podem ser utilizados para monitorar e avaliar o desempenho?
h) Quais são as oportunidades de melhoria identificadas para elevar a qualidade dos produtos ou serviços?
i) Quais são os processos críticos que afetam a qualidade, e como podem ser otimizados?
j) Quais selos e certificações estamos buscando implantar?
k) Quais são as melhores práticas ou *benchmarks* da indústria em relação à qualidade?
l) Quais são as ações necessárias para garantir a conformidade com regulamentos e padrões de qualidade específicos?
m) Quais são os recursos e investimentos necessários para melhorar e manter a qualidade de forma sustentável?

Essas perguntas norteadoras ajudam a direcionar a análise, a reflexão e a definição de ações para aprimorar a qualidade em uma organização do agronegócio. É importante adaptar as perguntas de acordo com as necessidades específicas e o contexto da empresa, a fim de obter resultados relevantes e orientar as decisões para promover a gestão eficaz da qualidade.

2.8 Marketing

O marketing deriva da palavra *market*, que significa "mercado". Marketing é o estudo sistemático do mercado. É uma área abrangente da administração, que envolve táticas e atividades voltadas para entender, comunicar e entregar valor aos consumidores. Tem como objetivo principal atender às necessidades e desejos de um determinado mercado-alvo.

Segundo a American Marketing Association, "marketing pode ser definido como o conjunto de instituições e processos para criar, comunicar, entregar e trocar ofertas que tenham valor para os consumidores, clientes, parceiros e sociedade, em geral" (Kuazaqui *in* Covas; Matteu, 2019, p. 49). Em uma visão ampliada, Las Casas (2009, p.15) entende que o "marketing é a área do conhecimento que engloba todas as atividades concernentes às relações de troca orientadas para criação de valor dos consumidores, visando alcançar determinados objetivos de empresas ou indivíduos por meio de relacionamentos estáveis e considerando sempre o ambiente de atuação e o impacto que essas relações causam no bem-estar da sociedade". Conforme os autores, podemos entender que o marketing, além de atender as necessidades e desejos, envolve troca de produtos e serviços de valor, envolvendo também escolha do produto, comunicação, entrega, parcerias, meio ambiente e a responsabilidade com o meio ambiente e a sociedade.

Quanto ao fato de o marketing focalizar as necessidades e desejos, isso significa direcionar os esforços de marketing para compreender profundamente o que os consumidores desejam e necessitam, em relação a produtos ou serviços. Isso envolve identificar os problemas ou necessidades que os consumidores enfrentam e buscar soluções que os satisfaçam.

Ao compreender as necessidades e desejos do mercado, as empresas podem desenvolver estratégias de marketing direcionadas. Essas estratégias incluem a criação de produtos ou serviços que atendam às necessidades específicas, a definição de preços adequados com base no valor percebido pelo cliente, a escolha de canais de distribuição eficientes e a criação de campanhas de comunicação persuasivas.

O marketing desempenha um papel crucial em identificar as necessidades dos consumidores em relação a produtos agrícolas, como alimentos saudáveis, orgânicos, sustentáveis ou com atributos específicos. Além disso, também envolve entender os desejos dos consumidores, como a busca por transparência na cadeia de produção, a preferência por produtos locais ou a valorização da origem dos alimentos.

Quando focamos as necessidades e desejos no marketing do agronegócio permite que as empresas ofereçam soluções relevantes, criem propostas de valor diferenciadas e construam relacionamentos sólidos com os consumidores. Isso contribui para o sucesso do negócio, a satisfação dos clientes e a criação de vantagens competitivas no mercado.

O marketing desempenha um papel fundamental no agronegócio, pois tem como objetivo identificar, satisfazer e manter clientes por meio do oferecimento de produtos ou serviços de valor. Essa disciplina abrange atividades como análise de mercado, definição de estratégias, desenvolvimento de produtos, promoção, distribuição e precificação.

As quatro principais decisões de marketing, frequentemente referidas como os 4Ps do marketing, são:

1. **Produto**: decisões sobre qual produto, suas características, qualidade, design, embalagem e variedade de produtos agrícolas oferecidos pela empresa, marca, entre outros. Quanto aos produtos relacionados ao agronegócio, é sempre importante considerar a qualidade deles, a diversificação de cultivos e a inovação em termos de variedades ou produtos diferenciados.
2. **Preço**: envolve a determinação do valor monetário dos produtos agrícolas, levando em consideração os custos de produção, a concorrência, a demanda do mercado e a percepção de valor dos clientes. O preço pode ser influenciado por fatores como a sazonalidade dos produtos, a disponibilidade de insumos e as flutuações nos mercados internacionais, também tem relação com o posicionamento do produto.
3. **Praça (distribuição)**: trata dos canais de distribuição, logística e disponibilidade dos produtos agrícolas. Considera a eficiência da cadeia de suprimentos, a logística de transporte e a proximidade com os mercados-alvo, bem como a complexidade e a perecibilidade do produto no que tange ao transporte.
4. **Promoção**: refere-se às estratégias de comunicação e promoção para divulgar os produtos agrícolas e influenciar a decisão de compra dos clientes. Inclui publicidade, promoções de vendas, relações públicas, marketing digital e estratégias de comunicação direta com os clientes.

Além dos 4 Ps tradicionais, no agronegócio também é essencial considerar outros 3 Ps importantes:

5. **Pessoas**: destaca a importância do foco nos clientes, na definição do público-alvo, segmentação, entre outros. É relevante também focalizar a equipe de colaboradores que garante o atendimento ao cliente. A interação e valorização com os agricultores, vendedores, distribuidores e consumidores é crucial para estabelecer relacionamentos de confiança, que é fundamental para comercialização e continuidade dos negócios.
6. **Pesquisa**: envolve a coleta e análise de informações de mercado, comportamento do consumidor, tendências e concorrência. A pesquisa de mercado auxilia na identificação de demandas, preferências do consumidor, oportunidades e desafios do mercado, fornecendo informações valiosas para tomada de decisão de construção de estratégias efetivas.
7. **Planejamento**: engloba o desenvolvimento de estratégias de marketing em longo prazo, estabelecendo metas, objetivos e planos de ação. O planejamento de marketing permite a visualização do mercado e suas principais variáveis para construção de uma visão estratégica, que envolve posicionar a empresa no mercado, estabelecer objetivos claros, bem como a escolha da estratégia que vai guiar as ações de curto e longo prazo.

O marketing aplicado no agronegócio desempenha um papel fundamental para impulsionar os resultados organizacionais. É por meio das estratégias de marketing que os produtos e serviços agrícolas são posicionados no mercado, o estudo de mercado é realizado, os clientes são segmentados, marcas fortes são construídas e ações de comunicação e promoção eficazes e eficientes são implementadas para atender a necessidades e desejos dos mercados.

É relevante sinalizar que o mercado do agronegócio é muito mais amplo do que primário, pois também é conhecido como a produção "dentro da porteira", já que envolve insumos, área agroindustrial e agrosserviços que movimenta muito mais que as anteriores, conforme descrito no Centro de Estudos Avançados em Economia Aplicada (CEPEA – USP).

Tabela 1: PIB do agronegócio 2022 em R$ milhões

		2022
Agronegócio	Insumos	193.107
	Primário	719.456
	Agroindústria	606.377
	Agrosserviços	1.113.343
	Total agronegócio	**2.632.283**

Fonte: CEPEA – USP, 2023[15]

A Tabela 1 sinaliza quanto cada dimensão do agronegócio oferece um olhar valioso sobre mercado e possiblidades dentro do segmento. Com o objetivo de sinalizar questões práticas, seguem algumas possibilidades de aplicação do marketing no agronegócio.

1. **Posicionamento de produtos agrícolas**: o posicionamento de produtos e serviços do agronegócio envolve definir como os produtos e serviços são percebidos pelos consumidores em nível de necessidade e desejo do cliente, bem como a relação aos concorrentes. É necessário identificar os atributos e benefícios únicos do produto, comunicá-los de forma clara e destacar os diferenciais competitivos. É ter a capacidade de criar uma imagem positiva na mente dos consumidores, garantindo que os produtos agrícolas se destaquem no mercado.

[15] Fonte: https://cepea.esalq.usp.br/upload/kceditor/files/PIB-DO-AGRO-27JUN2023.pdf

Exemplo prático: uma empresa de produção de frutas orgânicas pode posicionar seus produtos como opções saudáveis e livres de agrotóxicos, atendendo às demandas crescentes por alimentação saudável e sustentável. É importante também a criação de marca para diferenciação da concorrência.

2. **Estudo de mercado:** o estudo de mercado é importante para compreender o cenário competitivo, identificar tendências, demandas e necessidades dos consumidores. Por meio da análise de dados e pesquisa de mercado, é possível obter informações valiosas que orientam as estratégias de marketing. Isso inclui conhecer o perfil do público-alvo, suas preferências, comportamentos de compra e percepções sobre os produtos oriundos do agronegócio, seja para atender no formato B2B (*business-to-business*), empresa vendendo para empresa, ou B2C (*business-to-consumer*), que se refere à empresa vendendo para o consumidor final, ou ainda B2G (*business-to-government*), empresa vendendo para o Governo, que é um mercado muito relevante e com particularidades.

Exemplo prático: uma empresa de sementes realiza uma pesquisa de mercado para identificar as demandas por variedades de sementes adaptadas a diferentes regiões e condições climáticas, a fim de direcionar seus esforços de desenvolvimento do produto, divulgação alinhada com público-alvo e estratégias para a comercialização.

3. **Segmentação de clientes:** a segmentação de clientes consiste em dividir o mercado em grupos de consumidores com características e necessidades semelhantes. Essa estratégia permite direcionar as ações de marketing de forma mais eficiente, ao oferecer produtos e mensagens personalizadas para cada segmento.

Exemplo prático: uma empresa de máquinas agrícolas segmenta seu mercado em produtores de pequenas propriedades familiares e grandes fazendas comerciais, desenvolvendo soluções adequadas para as necessidades específicas em cada segmento. Perceba que clientes diferentes vão demandar abordagens diferentes mesmo comprando o produto similar.

4. **Construção de marcas**: a construção de marcas envolve o processo de gestão de marcas, denominado *branding*, que é um processo estratégico que envolve a criação e gestão da identidade de uma empresa, produto ou serviço. O objetivo do *branding* é criar uma percepção positiva e única da marca na mente dos consumidores. Isso inclui estabelecer associações de qualidade, confiabilidade, estilo, valor e muitos outros atributos positivos. No agronegócio, o *branding* desempenha um papel crucial na diferenciação dos produtos agrícolas e na criação de valor percebido pelos consumidores.

O *branding* consiste em definir a personalidade, os valores e a proposta de valor da marca, alinhando-os com as expectativas e necessidades dos clientes. Isso envolve a escolha de elementos visuais, como o logotipo e as cores, a criação de uma identidade verbal consistente, por meio da definição de mensagens e tom de comunicação, e a criação de uma experiência única para os clientes.

Pense: como um produtor que produz melões pode se diferenciar de tantos outros produtores de melões do país? Ainda que o produto seja de qualidade diferenciada, como os clientes vão perceber a diferenciação? Melão é melão, e ponto! A resposta é simples, uma empresa pode, verdadeiramente, se diferenciar por meio de uma marca. Como fez a Itaueira, uma empresa familiar, que colocou a marca Rei nos seus melões e vestiu com uma redinha vermelha, devidamente identificada, conforme Figura 10.

Figura 10: Melão Rei

Fonte: www.itaueira.com/produtos/mel%C3%A3o-rei.

Exemplo prático: uma empresa de vinhos finos produzidos em uma região específica do Brasil decide investir em *branding* para fortalecer sua marca. Ela cria uma identidade visual elegante e sofisticada, comunica os valores de tradição, qualidade e respeito ao meio ambiente, e promove experiências enogastronômicas para os clientes, por meio de degustações em eventos exclusivos. Com essa estratégia de *branding*, a empresa se destaca no mercado, conquista a preferência dos apreciadores de vinho e se torna uma referência no segmento em que atua.

5. **Implementação de ações promocionais eficientes**: as ações promocionais desempenham um papel essencial na comercialização dos produtos do agronegócio, pois visam aumentar a visibilidade da marca, estimular o interesse dos clientes e impulsionar as vendas. Para isso, é fundamental desenvolver estratégias promocionais eficientes e alinhadas às características e necessidades do mercado no qual atua.

A implementação de ações promocionais no agronegócio pode envolver diversas atividades, como campanhas publicitárias, promoções de vendas, participação em feiras e eventos do setor, programas de fidelidade, parcerias com influenciadores digitais, entre outras. O objetivo é criar uma imagem positiva na mente dos consumidores, destacando os benefícios e diferenciais dos produtos agrícolas e estimulando a sua compra. De certa maneira, o marketing no agronegócio cuida de semente até alcançar a mente dos consumidores de maneira cuidadosa e estratégica, buscando atender a necessidades e desejos.

Ao desenvolver ações promocionais eficientes. é importante considerar o público-alvo, as características do mercado, a sazonalidade dos produtos e os canais de comunicação mais adequados para atingir os clientes. Além disso, é essencial mensurar os resultados das ações promocionais, por meio de indicadores como aumento nas vendas, reconhecimento da marca e satisfação dos clientes, para avaliar a eficácia das estratégias e fazer ajustes, quando necessário.

Exemplo prático: uma empresa de produtos orgânicos do agronegócio decide implementar uma ação promocional para maximizar a comercialização de seus produtos. Ela produz uma campanha de comunicação que destaca os benefícios dos alimentos orgânicos, como saúde, sustentabilidade e segurança alimentar. A empresa pode também promover degustações em feiras e supermercados, oferecer descontos especiais para os consumidores que adquirem os produtos orgânicos e criar parcerias com nutricionistas e influenciadores digitais para divulgar os benefícios desses alimentos. Com essa estratégia promocional bem estruturada, a empresa aumenta sua visibilidade, conquista novos clientes e aumenta progressivamente suas vendas no mercado de alimentos orgânicos.

Técnica para que sua Comunicação seja efetiva em marketing

A técnica AIDA é um modelo de comunicação amplamente utilizado, no marketing e na publicidade, para atrair a atenção e despertar o interesse dos consumidores em relação a um produto ou serviço. Foi desenvolvida por Elias St. Elmo Lewis, um dos pioneiros da publicidade no início do século XX.

A sigla AIDA representa as etapas sequenciais pelas quais o consumidor passa durante o processo de comunicação persuasiva:

1. **Atenção (*attention*)**: a primeira etapa é chamar a atenção do público-alvo por meio de elementos criativos e impactantes, como uma mensagem intrigante, uma imagem marcante ou um título instigante. O objetivo é capturar a atenção do consumidor em meio a um ambiente repleto de estímulos.
2. **Interesse (*interest*)**: capturada a atenção do consumidor, é importante despertar o interesse dele, fornecendo informações relevantes e persuasivas sobre o produto ou serviço. Nessa etapa, é fundamental destacar os benefícios, as características únicas e os problemas que podem ser solucionados.
3. **Desejo (*desire*)**: após despertar o interesse, é necessário criar o desejo pelo produto ou serviço. A chave nessa dimensão é envolver as emoções e os sentidos do cliente. Isso pode ser feito por meio de argumentos convincentes, depoimentos de clientes satisfeitos, demonstrações práticas ou amostras gratuitas, entre outras abordagens, com o objetivo de estimular o desejo de possuir o produto ou usufruir o serviço.
4. **Ação (*action*)**: a última etapa é incentivar o consumidor a tomar uma ação específica, como fazer uma compra, solicitar mais informações, assinar uma *newsletter*, agendar uma visita, entre outros. É a coroação das fases anteriores, que envolve promover ação efetivamente.

Exemplo prático: uma empresa de sementes agrícolas utiliza a técnica AIDA em sua campanha de comunicação. No anúncio, ela usa uma imagem colorida e atraente para chamar a atenção do agricultor. Em seguida, destaca os benefícios das sementes, como alta produtividade, resistência a pragas e qualidade superior. Para potencializar o processo, compartilha depoimentos de agricultores satisfeitos que obtiveram resultados impressionantes com o uso das sementes. Focalizando a ação, incentiva os agricultores a entrarem em contato para receberem amostras gratuitas e experimentarem os benefícios por si mesmos.

O marketing tem passado por várias evoluções ao longo do tempo, adaptando-se às mudanças no ambiente de negócios e nas necessidades dos consumidores. Vamos agora apresentar uma linha resumida sobre a evolução do marketing 1.0 até o marketing 5.0, com ênfase no marketing 4.0 e 5.0, e como eles se relacionam com o agronegócio.

Marketing 1.0: esse foi o marketing centrado no produto, em que o foco estava na produção em massa e nas características do produto. As empresas se esforçavam para criar produtos de qualidade e comunicar suas vantagens funcionais aos clientes.

Marketing 2.0: com a evolução das demandas dos consumidores, o marketing começou a se concentrar nas necessidades e desejos dos clientes. As empresas passaram a adotar uma abordagem mais orientada para o cliente, buscando entender seus gostos, preferências e comportamentos de compra.

Marketing 3.0: nessa fase, o marketing expandiu-se para além das necessidades e desejos dos clientes, incorporando também valores e propósito. As empresas buscaram se conectar emocionalmente com os consumidores, alinhando suas marcas a causas sociais e ambientais.

Marketing 4.0: com o advento da era digital, o marketing se adaptou para se tornar mais orientado para o engajamento do cliente em um ambiente *online* e conectado. As empresas passaram a utilizar as mídias sociais, análise de dados e tecnologias digitais para entender e interagir com os consumidores.

Marketing 5.0: essa é a era do marketing humanizado, em que o foco está na experiência do cliente e na personalização. O marketing 5.0 busca criar conexões emocionais profundas com os consumidores, envolvendo-os em experiências significativas e criando valor junto com eles. Faz também o uso intensivo das tecnologias de maneira humanizada, inteligência artificial, e análise de dados para promover experiências significativas ao consumidor.

Criado com base na fonte: Kotler, Kartajaya, Setiawan, 2010 e 2021.

O setor do agronegócio também precisa acompanhar a evolução do marketing e adaptar as estratégias às demandas dos consumidores e às novas tecnologias emergentes. A pesquisa "Maturidade do Marketing Digital e Vendas no Brasil", iniciativa que reuniu Resultados Digitais, Mundo do Marketing, Rock Content e Vendas B2B, aponta que 94% das empresas escolheram o marketing digital como estratégia de crescimento. [16]

Conforme evidencia a pesquisa, a incorporação de práticas de marketing 4.0 e 5.0, como o uso de tecnologias digitais, personalização, engajamento do cliente e foco na experiência, pode ajudar as empresas agrícolas a se destacarem no mercado, construir relacionamentos duradouros com os clientes e impulsionar seus negócios. O mundo tem se tornado cada vez mais digital, ou "figital", ou seja, físico e digital caminhando juntos.

Listamos, a seguir, as principais maneiras pelas quais o agronegócio pode aplicar os princípios do marketing 4.0 e 5.0:

1. **Presença online e marketing digital:** criar uma presença forte online por meio de sites, blogs, redes sociais e plataformas de comércio eletrônico. Isso permite alcançar um público mais amplo, compartilhar informações sobre os produtos agrícolas, engajar os clientes e facilitar transações diretas. O marketing digital envolve as estratégias e táticas

[16] Fonte: Pesquisa aponta que 94% das empresas escolhem o marketing digital como estratégia de crescimento. Disponível em: https://www.terra.com.br/noticias/pesquisa-aponta-que-94-das-empresas-escolhem-o-marketing-digital-como-estrategia-de-crescimento,ba1844e66ad849c04d93d3f1cb7a57c4e4a0flld.html?utm_source=clipboard

de marketing que são realizadas online, como *search engine optimization* (SEO), que, em linhas gerais, busca otimização do site para mecanismos de busca, tornando-o mais relevante, marketing de mídia social, marketing de conteúdo, e-mail marketing, anúncios online, entre outros. Outra estratégia é a de marketing de conteúdo que envolve a criação e compartilhamento de conteúdo relevante e valioso para atrair, envolver e reter um público-alvo. Usar blogs, vídeos, redes sociais, e-books, entre outros formatos de conteúdo, promovendo o *inbound marketing*, ou seja, marketing de atração, que gera conteúdo para atrair os clientes.

2. **Uso estratégico dos dados:** coletar e analisar dados relevantes sobre os clientes, mercado e concorrência. Isso pode ser feito por meio de ferramentas de análise de dados e inteligência de mercado, permitindo entender melhor o comportamento do consumidor, identificar tendências e aprimorar as estratégias de marketing. Estamos tão avançados nesse sentido que já há predição do comportamento do consumidor, ou seja, a previsão estatística de como a pessoa vai se comportar. Os modelos preditivos permitem antecipar o que vai acontecer no futuro, uma previsão que vem crescendo em nível de acerto.
3. **Personalização e experiência do cliente:** oferecer uma experiência personalizada aos clientes, atualmente o *customer experience* (CX), ou experiência do cliente, adaptando os produtos e serviços às suas necessidades específicas e gerando experiências positivas em relação ao produto ou serviço. Isso pode envolver a criação de ofertas customizadas, programas de fidelidade, suporte técnico especializado e eventos interativos que envolvam os clientes no processo de produção. Envolve também a gestão do relacionamento com os clientes, com o objetivo de fortalecer a fidelidade e a satisfação. Isso é alcançado por meio da coleta de dados dos clientes, análise comportamental, personalização de interações e atendimento personalizado.

4. **Engajamento e cocriação de valor**: envolver os clientes de forma ativa no processo de criação de valor, permitindo que compartilhem suas opiniões, sugestões e experiências. Isso pode ser feito por meio de pesquisas de satisfação, programas de incentivo à participação, *feedbacks* interativos e eventos que estimulem o diálogo e a troca de ideias, principalmente por meio das redes sociais e canais de atendimento.
5. **Sustentabilidade e responsabilidade social**: adotar uma postura responsável socialmente e agir de maneira sustentável torna-se importante nesse cenário, bem como a comunicação dos esforços e práticas sustentáveis adotadas pela empresa no agronegócio. Isso pode incluir certificações de sustentabilidade, uso responsável de recursos naturais, redução de impactos ambientais e comprometimento com a responsabilidade social. Essas ações demonstram aos clientes o compromisso da empresa com a sustentabilidade e podem atrair consumidores preocupados com essas questões.

Ao aplicar esses princípios, o agronegócio pode fortalecer sua presença no mercado, atrair e reter clientes, gerar valor agregado e se destacar em um ambiente altamente competitivo. A adoção do marketing 4.0 e 5.0 permite uma abordagem mais estratégica, orientada para o cliente e baseada na utilização de tecnologias digitais e experiências personalizadas. Importante que esteja sempre atento às mudanças realizadas nesta área, que está em constante transformação.

Figura 11: Ilustração do marketing digital

Fonte: Autor - ChatGPT/DALL.E - 2024.

Caso prático: a Syngenta, líder global em defensivos químicos e sementes, com presença em mais de 90 países e duas décadas de experiência, intensificou sua presença digital por meio de ações de marketing bem estruturadas. Associou-se a uma agência especializada em marketing digital no agronegócio e, juntas, criaram uma robusta estratégia de produção de conteúdo, gerando cerca de 300 materiais otimizados em SEO por mês. Combinando este esforço com ações de performance em plataformas como Google Ads e Facebook Ads, a Syngenta conquistou uma posição elevada nos resultados de buscas do Google. Os frutos deste investimento em marketing digital foram:

Aumento de 87,3% de visitantes no site.

Crescimento de mais de 114% na geração de *leads*.

Ampliação de mais de 218% no engajamento nas redes sociais.

Tal estratégia também viabilizou a realização de sua primeira feira agrícola online em 2020, que registrou 180 mil acessos por dia.[17]

---

[17] Fonte: Marketing digital no agronegócio: conheça o projeto da líder mundial do agro. Disponível em <https://macfor.com.br/ramarketing-digital-no-agronegocio-conheca-projeto--da-lider-mundial-do-agro/

As perguntas norteadoras para a gestão de marketing podem incluir:

a) Quem é o nosso público-alvo e quais são suas características, necessidades e desejos?
b) Quais são os nossos objetivos de marketing e como podemos mensurá-los?
c) Quais são as melhores formas de alcançar e se comunicar com o nosso público-alvo?
d) Como podemos diferenciar a nossa marca ou produto dos concorrentes?
e) Quais são as melhores estratégias de precificação para maximizar o valor para os clientes e a rentabilidade para a empresa?
f) Quais canais de distribuição são mais eficazes para atingir o nosso público-alvo?
g) Como é nossa estratégia de política de preço e descontos? Está adequada para o nosso posicionamento?
h) Como podemos construir uma vantagem competitiva por meio do marketing?
i) Quais são as tendências de mercado e os novos produtos que devemos lançar?
j) Como podemos acompanhar e medir o desempenho das nossas estratégias de marketing?
k) Como podemos usar o marketing digital no nosso negócio?
l) Qual a relação entre nossa atuação com marketing e as tendências do marketing 4.0 e 5.0?
m) Como podemos usar a criatividade e a inovação para alavancar as ações de marketing?
n) Como podemos criar autoridade e confiabilidade para nossa marca?
o) Como adotar uma postura sustentável no marketing da nossa organização?

Essas perguntas auxiliam na definição de direcionamentos estratégicos, na identificação de oportunidades e desafios, e na tomada de decisões mais embasadas no campo do marketing.

2.9 Gestão de pessoas

A gestão de pessoas desempenha um papel estratégico nas organizações, pois é responsável por gerenciar uma das principais variáveis do sucesso empresarial: as pessoas. Para isso, existem seis processos fundamentais que compõem a gestão de pessoas tradicional, o que compreende: **agregar** pessoas (recrutamento e seleção), **orientar** (descrição de cargos, gestão por competências etc.), **desenvolver** (treinamento & desenvolvimento e gestão do conhecimento), **recompensar** (incentivos e modelo de remuneração), **reter** (plano de carreira e progressão profissional) e **acompanhar** (monitorar desempenho e sistemas de informação aplicados à gestão de pessoas), que são os seis processos básicos de gestão de pessoas, conforme Idalberto Chiavenato (2016).

1. **Agregar**: o processo de agregar envolve a atração, seleção e contratação de novos colaboradores para a organização. Isso inclui identificar as necessidades de pessoal, divulgar vagas, realizar processos seletivos e tomar decisões de contratação que estejam alinhadas com os objetivos e valores da empresa. É uma fase importante. Uma seleção efetiva pode trazer talentos preciosos para a organização. Quando contratamos talentos, os resultados organizacionais seguem naturalmente.
2. **Orientar**: o processo de orientar está relacionado ao acolhimento e integração dos novos colaboradores na organização. Envolve a realização de programas de integração, treinamentos iniciais, compartilhamento de informações sobre a cultura e os valores da empresa, além de estabelecer expectativas claras sobre as responsabilidades. Nesse sentido, a empresa precisa ter a descrição de cargos detalhada e que seja socializado com funcionários, bem

como suas metas e como serão avaliados. Envolve a descrição de cargo e atividades do colaborador, e pode também incluir a gestão por competências.

3. **Desenvolver:** esse processo focaliza o desenvolvimento dos colaboradores. Busca desenvolver as competências dos funcionários. Pode ser realizado por meio de palestras, treinamento, planos de desenvolvimento de carreira, programas de aprendizado, *workshops*, cursos, processos de *coaching* e *mentoring*, entre outras atividades que ajudem os funcionários a desenvolver suas habilidades e competências, sejam elas técnicas e/ou comportamentais. Atualmente a empresas têm ofertado uma série de treinamentos gamificados; além disso, também têm investido muito em treinamentos online e em formatos híbridos, entre outras abordagens para o desenvolvimento contínuo dos funcionários. Soma-se também a política de gestão do conhecimento da organização.
4. **Recompensar:** o processo de recompensar está relacionado à remuneração e reconhecimento dos colaboradores. O que inclui a definição de políticas de remuneração, bônus e benefícios, que hoje são mais flexíveis e personalizados, a aplicação de programas de incentivos e reconhecimento, além de promover um ambiente de trabalho que valorize e recompense o desempenho e contribuição dos funcionários.
5. **Reter:** manter os bons funcionários na organização deve ser outro processo. Observando nesse sentido, o plano de carreira assume um papel importante, bem como a valorização do talento humano e a preocupação com o bem-estar dos colaboradores, a promoção de um ambiente de trabalho saudável e seguro, além de estar atento às questões de saúde e qualidade de vida dos funcionários. Como exemplo, o grupo Heineken tem uma diretoria de felicidade[18].

[18] Disponível em https://exame.com/esg/grupo-heineken-anuncia-diretoria-de-felicidade/

6. **Acompanhar**: envolve o dia a dia do colaborador, acompanhando sua frequência e suas entregas. Monitorar o desempenho e sistemas de informação aplicados à gestão de pessoas, controle de férias, horas extras, entre outros pontos, preferencialmente, de maneira informatizada e transparente. Esse é um ponto importante para automatização da parte mais burocrática de registros e controles, que são importantes e podem tomar um tempo considerável do gestor.

A gestão de pessoas começa por meio dos processos citados, porém envolve outras variáveis para que a organização obtenha o máximo potencial de seus colaboradores e promova a motivação, engajamento e satisfação no trabalho, além de criar um ambiente propício para o crescimento e o alcance dos objetivos estratégicos da empresa. No agronegócio, a gestão de pessoas desempenha um papel crucial na formação de equipes qualificadas, no desenvolvimento de competências específicas para o agronegócio e na promoção de um ambiente de trabalho que valorize a saúde, segurança e bem-estar dos trabalhadores.

Figura 12: Figura alusiva a pessoas e resultados – ilustração

Fonte: Autor - ChatGPT/DALL.E - 2024.

No agronegócio, algumas técnicas importantes relacionadas a recrutamento e seleção, treinamento e desenvolvimento de equipes, motivação, liderança e gestão de conflitos podem incluir:

1. **Recrutamento e seleção:**

- Anúncios de vagas em canais específicos do agronegócio, como portais, associações ou eventos do setor.
- Parcerias com instituições de ensino agrícolas para recrutar estudantes ou recém-formados.
- Realização de entrevistas comportamentais e técnicas para avaliar o perfil comportamental das habilidades dos candidatos (exemplos: DISC, Syspersona, MBTI etc.)
- Avaliação de experiências anteriores em atividades relacionadas ao agronegócio.

2. **Treinamento e desenvolvimento de equipes:**

- Programas de capacitação técnica em áreas específicas do agronegócio, como manejo de culturas, gestão de rebanhos, utilização de tecnologias agrícolas, entre outros.
- Treinamentos focalizando o desenvolvimento de *soft skills*, ou seja, habilidades interpessoais, como comunicação eficaz, persuasão, gestão do tempo, trabalho em equipe, resolução de problemas etc.
- Desenvolvimento de liderança e habilidades de gestão para supervisores e gestores do agronegócio. A liderança é sempre um ponto crítico para gestão de negócios, no geral, e precisa ser constante.
- Programas de mentoria, onde profissionais mais experientes no agronegócio orientam e compartilham conhecimentos com os novos colaboradores.
- Contratação de *coaches* e mentores externos à organização para o desenvolvimento de equipes, líderes e executivos.

Importante: o treinamento e desenvolvimento da equipe devem ser constantes. A pesquisa "Panorama do Treinamento no Brasil", 2022/2023, sinalizou que 2,31% é o investimento anual de T&B sobre a folha de pagamento das empresas brasileiras. Em média, no Brasil, investem-se R$ 1.012,00 por colaborador.

3. **Motivação:**

- Reconhecimento e recompensas por bom desempenho, como prêmios, bônus ou incentivos financeiros ou reconhecimentos.
- Criação de um ambiente de trabalho saudável e motivador, com estratégias de engajamento e valorização dos colaboradores.
- Estabelecimento de metas desafiadoras e claras, acompanhadas de *feedbacks* regulares e assertivos.
- Incentivo à participação dos colaboradores em tomadas de decisão e projetos relacionados ao agronegócio.
- **Faça periodicamente uma pesquisa de clima organizacional.**

4. **Liderança:**

- Desenvolvimento de líderes que tenham conhecimento técnico do agronegócio e habilidades de liderar e gerir pessoas.
- Criação de um estilo de liderança participativo, que envolva os colaboradores na tomada de decisões e incentive o compartilhamento de ideias.
- Promoção de comunicação clara e transparente entre líderes e equipe, com postura ética.
- Estímulo ao desenvolvimento contínuo dos líderes, por meio de programas de capacitação, *coaching* e *mentoring*.
- **Liderança é fator crítico para os resultados organizacionais.**

5. **Gestão de conflitos:**

- Implementação de canais de comunicação abertos e eficazes para lidar com conflitos, como reuniões regulares de equipe e sessões de *feedback*.
- Estabelecimento de políticas e procedimentos para a resolução de conflitos de forma justa e imparcial.
- Treinamento em habilidades de comunicação e negociação para ajudar os colaboradores a lidar com conflitos de forma construtiva.
- Promoção de um ambiente de respeito e colaboração, onde as diferenças são valorizadas e tratadas como oportunidades de crescimento.

É importante ressaltar que essas são apenas algumas técnicas que podem ser aplicadas no contexto organizacional e em empresas do agronegócio. Cada organização pode adaptar e desenvolver suas próprias práticas, de acordo com suas necessidades específicas e características do setor.

Os desafios da gestão de pessoas no agronegócio

A gestão de pessoas no agronegócio enfrenta desafios específicos, devido às particularidades dessa área. Vejamos alguns desafios comuns e propostas para a gestão de pessoas no agronegócio:

1. **Escassez de mão de obra qualificada**: o agronegócio demanda profissionais com conhecimentos técnicos específicos, como agrônomos, veterinários e técnicos agrícolas. O desafio é encontrar e reter talentos qualificados. A proposta é investir em programas de capacitação e treinamento, parcerias com instituições de ensino, atração de jovens talentos e desenvolvimento de uma cultura de aprendizado contínuo. Segundo uma pesquisa conjunta da Agência Alemã de Cooperação Internacional, UFRGS e Senai, a demanda é de 178,8 mil especialistas,

enquanto apenas 32,5 mil estão aptos para atuar com tecnologia na agricultura nacional[19].

2. **Escassez de trabalhadores para a produção agrícola:** esse é um grande desafio. Algumas possibilidades são a melhoria na remuneração e nas condições de trabalho, parcerias com escolas e universidades, o uso de tecnologias e robôs para o plantio e colheita, entre outros.
3. **Condições de trabalho no campo:** as atividades do agronegócio são realizadas em ambiente rural e, muitas vezes, expostas a condições climáticas adversas. Uma proposta de solução pode ser proporcionar condições de trabalho seguras, saúde ocupacional adequada e bem-estar dos colaboradores. É relevante salientar a importância da adoção de medidas de segurança, fornecer equipamentos de proteção individual, realizar treinamentos de segurança no trabalho e promover ações de qualidade de vida no campo.
4. **Sazonalidade das demandas**: o agronegócio pode ter demandas sazonais, como colheitas e plantios em determinadas épocas do ano. O desafio é gerenciar a disponibilidade de mão de obra durante esses períodos e evitar ociosidade ou sobrecarga de trabalho. A proposta é fazer um planejamento antecipado, contratar mão de obra temporária, estabelecer parcerias com empresas de recrutamento e seleção, e adotar práticas de gestão flexível de pessoal.
5. **Gestão de equipes remotas:** o agronegócio, muitas vezes, envolve operações em áreas rurais distantes, o que pode dificultar a comunicação e a coordenação das equipes. O desafio é gerenciar equipes remotas de forma eficaz, garantindo alinhamento, motivação e produtividade. A proposta é utilizar tecnologias de comunicação, como aplicativos e *softwares* de gestão de equipes, realizar reuniões periódicas, promover o compartilhamento

[19] Agronegócio sofre escassez de mão de obra qualificada. Disponível em <https://summitagro.estadao.com.br/noticias-do-campo/agronegocio-sofre-escassez-de-mao-de-obra-qualificada/

de informações e incentivar a autonomia e responsabilidade dos colaboradores.

6. **Sucessão familiar:** o agronegócio, muitas vezes, envolve empresas familiares, o que pode trazer desafios na gestão e sucessão do negócio. O desafio é garantir uma transição suave entre as gerações, mantendo a continuidade e preservando os valores e a cultura da empresa. A proposta é investir em programas de desenvolvimento de liderança, estabelecer planos de sucessão, promover a capacitação e envolvimento dos sucessores e buscar o equilíbrio entre a tradição e a inovação. De acordo com o Censo Agropecuário realizado pelo IBGE em 2017, a agricultura familiar representa 77% dos estabelecimentos agrícolas no Brasil, destacando sua relevância. Contudo, um estudo da Fundação Dom Cabral e da JValério aponta que mais de 80% dessas empresas são geridas por seus fundadores. Apenas 41% são comandadas pela segunda geração, 16% pela terceira, e menos de 1% persistem além da quarta geração, ressaltando o desafio da continuidade e sucessão no agronegócio familiar[20]. Os pequenos produtores rurais também podem obter em contratar uma gestão profissional para dar continuidade ao negócio, por exemplo, os tecnólogos em agronegócio.

Esses desafios e propostas destacam a importância da gestão de pessoas no agronegócio, que precisa se adaptar às particularidades desse setor para garantir o engajamento, o desenvolvimento e a satisfação dos colaboradores, contribuindo assim para o sucesso e sustentabilidade das organizações do agronegócio.

---

20 Sucessão familiar rural: desafios e soluções para garantir a continuidade do negócio. Disponível em: <https://agroadvance.com.br/blog-sucessao-familiar-rural/>

Pontos críticos para a gestão de pessoas no agronegócio incluem:

1. **Cuidar das pessoas e focalizar o resultado organizacional**: é fundamental equilibrar o cuidado com os colaboradores, garantindo um ambiente de trabalho saudável e seguro, enquanto se mantém o foco nos resultados e metas da organização. Proporcionar condições adequadas de trabalho, incentivar o bem-estar e o engajamento dos colaboradores.
2. **Análise de dados e definição de métricas**: utilizar a análise de dados para obter *insights* sobre a força de trabalho, identificar tendências e tomar decisões embasadas. Por exemplo, analisar dados de produtividade, satisfação dos colaboradores, indicadores de desempenho e eficiência operacional.
3. **Antecipação de tendências e adoção de boas práticas**: estar atento às tendências e mudanças no mercado do agronegócio, adotando práticas inovadoras e tecnologias emergentes que possam otimizar os processos de trabalho, aumentar a produtividade e melhorar a qualidade dos produtos ou serviços.
4. **Promoção de treinamentos e o uso do *coaching***: investir no desenvolvimento dos colaboradores por meio de treinamentos técnicos e comportamentais, visando aprimorar suas habilidades e competências. Oferecer programas de *coaching* e *mentoring* para promover o crescimento individual e o alcance de metas profissionais e o desenvolvimento contínuo.
5. **Desenvolvimento de lideranças e equipes de alta performance**: investir no desenvolvimento das lideranças e no fortalecimento das equipes focalizando a alta performance e a melhoria contínua, por meio de programas de líderes para exercerem uma gestão eficaz, promover a comunicação, a colaboração com foco no resultado e de maneira humanizada. A pesquisa "Panorama do Treinamento

no Brasil", 2022/2023, destaca que 51% do investimento em treinamento e desenvolvimento é destinado à liderança[21].

6. **Atração, retenção e gestão de talentos**: implementar estratégias para atrair profissionais qualificados para o agronegócio, criar programas de retenção de talentos e estabelecer planos de sucessão. Identificar talentos internos, oferecer oportunidades de crescimento e reconhecimento, além de adotar práticas de gestão de desempenho e *feedback* contínuo.
7. **Gestão da mudança e promoção da inovação:** estar preparado para lidar com mudanças e promover uma cultura de inovação. Incentivar os colaboradores na implementação de mudanças, fornecer suporte sistemático e comunicação clara, além de incentivar a geração de ideias e a experimentação de novas abordagens.
8. **Construção da cultura organizacional**: promover uma cultura organizacional forte e alinhada aos valores e objetivos da empresa. Com base na definição e propagação de valores claros, promover um ambiente de trabalho inclusivo, o estabelecimento de políticas de reconhecimento e recompensa, além de estimular a colaboração e o trabalho em equipe.

Ao abordarem esses pontos críticos, as organizações do agronegócio podem melhorar a gestão de pessoas, fortalecer sua competitividade e alcançar maiores resultados em suas atividades. Um estudo da Gartner revelou que 72% dos líderes em RH pretendem integrar a IA em suas atividades diárias. Além disso, 64% deles acreditam que, nos próximos cinco anos, o setor de RH terá um papel crucial na definição da ética associada à inteligência artificial[22].

---

[21] O PANORAMA DO TREINAMENTO NO BRASIL – 2022/2023. Disponível em https://drive.google.com/file/d/1ts-K67qIZnMqkuBxgWXKnls6CNo5Kb1s/view

[22] Fonte: Inteligência artificial no RH: Transformando o Futuro do Trabalho. Disponível em <https://exame.com/carreira/inteligencia-artificial-no-rh-transformando-o-futuro-do-trabalho/ >

Um exemplo prático é o iFood, que criou um *bot* com IA para responder às demandas dos funcionários e desafogar a demanda da área de Recursos Humanos. Denominado como Alli, respondeu a mais de 130 mil perguntas – parte delas foi resolvida pela IA, e outra parte evoluiu para o contato humano. Imagine os ganhos de produtividade da área de RH, que pode se dedicar mais ao tático e ao estratégico[23].

Pensar sobre o prisma do RH 5.0 no agronegócio representa a aplicação das tendências e tecnologias da era digital. Considerando os pontos a seguir do RH 5.0 no agronegócio são:

1. **Transformação digital**: a adoção de tecnologias como inteligência artificial, *big data, analytics* e automação de processos permite a otimização de atividades de RH, como recrutamento, seleção, treinamento, gestão de desempenho, entre outras.
2. ***Employee experience***: o foco no bem-estar e na experiência dos colaboradores ganha destaque. O RH 5.0 no agronegócio busca proporcionar um ambiente de trabalho agradável, com programas de qualidade de vida, suporte emocional, flexibilidade e autonomia, visa promover o engajamento e a satisfação dos colaboradores.
3. ***People analytics***: a utilização de dados e análises para embasar as decisões de RH. O RH 5.0 no agronegócio utiliza métricas e indicadores para entender melhor o desempenho, a produtividade e as necessidades dos colaboradores, facilitando a tomada de decisões embasadas em dados e em IA.
4. **Gestão de talentos e desenvolvimento**: a gestão de talentos no agronegócio é aprimorada por meio de estratégias de atração, retenção e desenvolvimento de profissionais qualificados. Programas de treinamento e desenvolvimento são implementados para capacitar os colaboradores e prepará-los para utilização das novas

[23] Inteligência artificial no RH: bot do iFood já respondeu mais de 130 mil perguntas; entenda, disponível em <https://www.startse.com/artigos/inteligencia-artificial-no-rh-ifood>.

tecnologias e da mentalidade da inovação, sempre prontos para os desafios do setor.

5. **Gestão remota e flexível**: a adoção do trabalho remoto e de modelos de trabalho flexíveis se torna mais comum no agronegócio. A tecnologia permite a gestão de equipes distribuídas geograficamente, promovendo a colaboração e a comunicação efetiva entre os colaboradores de maneira rápida e eficaz.
6. **Liderança 5.0 e cultura organizacional**: o RH 5.0 no agronegócio enfatiza o desenvolvimento de lideranças capazes de promover uma cultura organizacional sólida, que valorize a diversidade, a inclusão e a inovação e as novas tecnologias inclusive a IA. Líderes que adotam uma postura de *coach*, prontos para inspirar e treinar os colaboradores no dia a dia da organização, que focalizam a solução em detrimento dos problemas, tendo como alvo o resultado de maneira humanizada e alinhada às técnicas de gestão de pessoas moderna.
7. ***Business partner***: o RH contemporâneo assume um papel mais estratégico, ou seja, de parceiro de negócios. Neste modelo, o profissional se desloca da sua área específica e se aproxima dos gestores e do cotidiano da operação de negócio, contribuindo significativamente para as estratégias de negócio e o resultado organizacional.

Essas são apenas algumas das características do RH 5.0 no agronegócio, mostrando como a tecnologia e as novas abordagens de gestão estão transformando a maneira como as pessoas são gerenciadas no setor.

Caso prático: em meio à evolução da gestão de pessoas, focada na valorização dos colaboradores, o Grupo Heineken destaca-se com a criação da Diretoria de Felicidade. Esta iniciativa visa aprimorar e estruturar práticas já existentes, como a avaliação da satisfação dos 14.000 funcionários no Brasil. Lívia Azevedo, líder da nova diretoria, enfatiza que a medida visa centralizar a felicidade nas estratégias de negócios da empresa. Mauricio Giamellaro, presidente do Grupo Heineken, reitera que esta decisão está alinhada à cultura da empresa, focada no respeito e bem-estar dos colaboradores, reafirmando seu compromisso com aqueles que moldam a trajetória da Heineken.[24]

Quer saber mais? Confira o livro "O Jeito Harvard de Ser Feliz", de Shawn Achor.

As perguntas norteadoras para o RH podem ajudar a direcionar as ações e estratégias de gestão de pessoas:

a) Como podemos atrair e reter talentos qualificados para o agronegócio?
b) Quais são as principais necessidades de desenvolvimento dos colaboradores do agronegócio?
c) Como podemos promover uma cultura de inovação e aprendizado contínuo no ambiente de trabalho?
d) Quais são as políticas de remuneração e benefícios mais adequadas para atrair e motivar os colaboradores?
e) Como podemos garantir um ambiente de trabalho seguro e saudável para os colaboradores no agronegócio?
f) Quais são as competências-chave para o sucesso no agronegócio e como podemos desenvolvê-las?
g) Como podemos promover a diversidade e a inclusão no agronegócio, valorizando a igualdade de oportunidades?
h) Quais são os indicadores de desempenho e engajamento mais relevantes para medir o sucesso da gestão de pessoas no agronegócio?
i) Quais são as estratégias de comunicação interna mais eficazes para manter os colaboradores informados e engajados?
j) Estamos fazendo com excelência os 6 processos fundamentais de gestão de pessoas?

---

[24] Grupo Heineken anuncia Diretoria de Felicidade. Disponível em < https://exame.com/esg/grupo-heineken-anuncia-diretoria-de-felicidade/ >

k) Como podemos promover a gestão do conhecimento e a transferência de experiências no agronegócio?
l) Como são estruturados os programas de treinamento e desenvolvimento?
m) Estamos desenvolvendo os líderes atuais e preparando novos líderes?
n) Quando vamos utilizar *coaching* e *mentoring* em nossos processos de desenvolvimento?
o) Temos o perfil comportamental dos nossos colaboradores? Existe um plano estruturado e personalizado de desenvolvimento?
p) Estamos usando as novas tecnologias para gestão de pessoas?
q) Quem pode nos ajudar no desenvolvimento da gestão de pessoas?
r) Como o treinamento e desenvolvimento podem ser a mola propulsora da organização?
s) Como conectamos a área de Recursos Humanos com planejamento estratégico da organização?
t) Como a felicidade e alta performance estão presentes na gestão de pessoas?

Essas perguntas podem ajudar o RH a refletir sobre os desafios, identificar oportunidades de melhoria e desenvolver estratégias eficazes para a gestão de pessoas no agronegócio. É importante adaptar as perguntas de acordo com a realidade e as necessidades específicas da organização.

2.10 Logística e cadeia de suprimentos

A logística e a cadeia de suprimentos desempenham papéis fundamentais no contexto do agronegócio, garantindo a eficiência e a integração das operações relacionadas à produção, armazenagem, transporte e distribuição de produtos do agronegócio.

O Council of Supply Chain Management Professionals (Conselho de Profissionais de Gerenciamento da Cadeia de Suprimentos), que é uma associação de profissionais da logística, define logística como: "a logística planeja, executa, coordena e controla a movimentação e o armazenamento eficiente e econômico de matérias-primas, materiais semiacabados e produtos acabados, desde sua origem até o local de consumo, com o propósito de atender às exigências do cliente final." [25]

Conforme destacado, a logística refere-se ao gerenciamento dos fluxos de materiais, informações e serviços, desde o ponto de origem até o ponto de consumo, de forma a atender às necessidades dos clientes. No agronegócio, a logística é responsável pela coordenação do transporte de insumos agrícolas, como sementes, fertilizantes e defensivos, bem como na movimentação e distribuição dos produtos agrícolas finais, como grãos, frutas, carnes, entre outros, sendo muitas vezes produtos sensíveis e perecíveis, o que demanda um cuidado maior.

A cadeia de suprimentos, por sua vez, abrange todas as etapas envolvidas na produção e na entrega de um produto ao consumidor final, incluindo fornecedores, fabricantes, distribuidores e varejistas. No agronegócio, a cadeia de suprimentos envolve desde a produção agrícola propriamente dita até o processo de armazenagem, processamento, embalagem e distribuição dos produtos agrícolas.

Dentro do âmbito agroindustrial, a logística de suprimentos abrange componentes cruciais, tais como fertilizantes, sementes, defensivos, rações, medicamentos para animais e equipamentos agrícolas. No setor industrial, envolve maquinário, aditivos químicos e embalagens. Nota-se que, em certos casos, o custo logístico pode exceder o valor do produto transportado, ressaltando a necessidade de otimização desse processo.

A logística representa um desafio significativo para o agronegócio brasileiro devido a custos superiores à média global. As principais razões são: a predominante dependência do transporte rodoviário, que representa 70% do escoamento; condições deficientes das estradas, com 61% em estado ruim ou péssimo; congestionamentos portuários devido à insuficiente infraestrutura e burocracia; alta carga tributária sobre operações logísticas; e erros na gestão

[25] Disponível em https://cscmp.org/

logística, especialmente durante a safra, que comprometem a lucratividade das organizações[26].

Conforme o relatório da Fundação Dom Cabral de 2018, os custos logísticos do agronegócio brasileiro correspondem a 20% do faturamento bruto, superando a média nacional de 12,4%. No país, 42% desses gastos são destinados ao transporte de longa distância, e 18% à armazenagem. Em contraste, nos Estados Unidos, o transporte corresponde a 30%, e a armazenagem, a 40% dos custos logísticos[27].

Os principais pontos de atenção para realização da gestão logística e da cadeia de suprimentos no agronegócio:

1. **Eficiência operacional:** uma gestão eficiente da logística e da cadeia de suprimentos permite reduzir os custos de transporte, armazenagem e distribuição, aumentando a eficiência das operações agrícolas e melhorando a rentabilidade.
2. **Qualidade dos produtos**: o transporte e o armazenamento adequados dos produtos agrícolas são fundamentais para preservar a qualidade, garantindo que cheguem ao mercado em condições adequadas de consumo.
3. **Gestão do tempo**: a logística e a cadeia de suprimentos devidamente planejadas e organizadas permitem a sincronização dos processos de produção, colheita e entrega, minimizando os prazos de entrega e evitando desperdícios.
4. **Rastreabilidade e segurança alimentar**: a logística e a cadeia de suprimentos permitem rastrear a origem dos produtos agrícolas, garantindo a segurança alimentar e o cumprimento das normas sanitárias vigentes.

---

[26] Logística no Agronegócio: Desafios e Oportunidades. https://vertti.com.br/blog/logistica-no-agronegocio/

[27] Logística inteligente favorece sustentabilidade no agronegócio. Disponível em < https://summitagro.estadao.com.br/noticias-do-campo/logistica-inteligente-favorece-sustentabilidade-agronegocio/#:~:text=Os%20custos%20log%C3%ADsticos%20no%20agroneg%C3%B3cio,%2C4%25%20das%20empresas%20brasileiras.>

5. **Confiabilidade no abastecimento**: uma cadeia de suprimentos eficiente garante que os insumos necessários para a produção agrícola estejam disponíveis no momento certo e na quantidade adequada, o que evita a interrupção das atividades e garante o abastecimento regular do mercado.
6. **Sustentabilidade**: a logística e a cadeia de suprimentos podem colaborar para a sustentabilidade no agronegócio, contribuindo com a redução de emissões de carbono, uso eficiente de recursos, adoção de embalagens sustentáveis e práticas de transporte ecoeficientes.

A logística e a cadeia de suprimentos são importantes para a eficiência, qualidade, segurança e sustentabilidade das operações agrícolas, e podem garantir a entrega dos produtos agrícolas aos consumidores de maneira adequada e oportuna, preferencialmente com o menor custo possível.

2.10.1 As principais ferramentas da logística

As principais ferramentas da logística que podem ser aplicadas no agronegócio, para otimizar as operações logísticas, são:

1. **Planejamento de estoque**: no agronegócio, o planejamento é relevante para garantir o abastecimento adequado de insumos agrícolas, como sementes, fertilizantes e defensivos, bem como para gerenciar o estoque de produtos agrícolas, como grãos, frutas e carnes, evitando desperdícios e escassez.
2. **Roteirização e otimização de transporte**: permite planejar as rotas de transporte de insumos e produtos agrícolas, considerando fatores como distância, condições das estradas, capacidade dos veículos e prazos de entrega. A otimização do transporte contribui para reduzir custos e tempo de transporte, bem como garantir a entrega eficiente dos produtos.

3. **Tecnologia de identificação**: a identificação, como códigos de barras, RFID e QR codes, é usada para rastrear e identificar os produtos agrícolas ao longo da cadeia de suprimentos. Isso ajuda a melhorar a rastreabilidade e garantir a qualidade e a segurança dos produtos.
4. **Sistemas de gestão de armazém (WMS)**: o uso de sistemas de gestão de armazém é importante para controlar a entrada, a movimentação e a saída de produtos agrícolas nos armazéns. O que contribui para a organização eficiente dos estoques, a redução de perdas e a agilidade na separação e expedição dos produtos.
5. **Gestão de pedidos e processamento de pedidos:** o processamento eficiente dos pedidos é necessário para garantir a entrega no prazo e a satisfação dos clientes. Ferramentas de automação de pedidos, como sistemas integrados de gestão (ERP) e sistemas de gestão de transporte (TMS), ajudam a agilizar e monitorar todo o processo de pedidos.
6. **Análise de desempenho:** monitorar e avaliar o desempenho logístico, identificando áreas de melhoria e tomando decisões baseadas em dados. Indicadores de desempenho-chave (KPIs) e painéis de controle (*dashboard*) permitem avaliar aspectos como tempo de entrega, taxa de falhas, produtividade da frota, entre outros, de maneira atualizada e visual.

Esses pontos são fundamentais na logística e são aplicáveis ao agronegócio, pois contribuem para a eficiência, controle e melhoria das operações logísticas, desde a aquisição de insumos até a entrega dos produtos agrícolas aos clientes.

A logística 5.0 é uma evolução do conceito tradicional de logística, impulsionada pela transformação digital e tecnologias avançadas. Ela está relacionada à integração de processos logísticos, automação, uso de dados em tempo real, inteligência artificial e colaboração entre diferentes atores da cadeia de suprimentos, podendo gerar benefícios tangíveis como:

1. **Visibilidade e rastreabilidade:** a logística 5.0 permite uma maior visibilidade de toda a cadeia de suprimentos, desde o plantio até a distribuição final, que possibilita a rastreabilidade dos produtos agrícolas, garantindo a segurança alimentar e a conformidade com as regulamentações.
2. **Otimização de processos:** a automação e o uso de tecnologias avançadas na logística 5.0 permitem a otimização dos processos agrícolas, como a gestão de estoque, a movimentação de insumos e produtos, o gerenciamento de transporte e a distribuição, resultando em maior eficiência, redução de custos e prazos mais curtos.
3. **Colaboração e compartilhamento de informações:** a logística 5.0 promove a colaboração entre os diferentes atores da cadeia de suprimentos do agronegócio, como produtores, fornecedores, transportadoras e varejistas. O compartilhamento de informações em tempo real possibilita uma melhor coordenação das atividades, aumentando a eficiência e a agilidade nas operações. Um exemplo é a Fábrica da Nestlé[28] de Caçapava, na região de São José dos Campos, que produz 2 milhões de KitKat por dia, com carros-robô e "máquinas que conversam sozinhas", para otimizar os processos internos.
4. **Uso de dados e análise preditiva**: a logística 5.0 no agronegócio envolve a coleta e análise de dados em tempo real, permitindo uma tomada de decisão mais precisa e preditiva. Com o uso de inteligência artificial e algoritmos avançados, ajuda a identificar padrões, prever demandas, otimizar rotas e melhorar a eficiência dos processos logísticos com precisão, as decisões passam ser racionalizadas e balizadas em dados.
5. **Sustentabilidade e responsabilidade social**: a logística 5.0 também pode contribuir para a sustentabilidade no agronegócio, por

---

[28] Fonte: https://exame.com/negocios/fabrica-inteligente-da-nestle-tem-maquinas-que-conversam-e-produzem-2-milhoes-de-kitkat-por-dia/

meio da redução do desperdício, do uso eficiente de recursos naturais, da redução de emissões de carbono e do estímulo a práticas agrícolas sustentáveis.

As perguntas norteadoras podem auxiliar no direcionamento das estratégias e ações relacionadas à logística e gerenciamento da cadeia de suprimentos.

1. Planejamento estratégico da logística:

    a) Quais são os objetivos estratégicos da logística e da cadeia de suprimentos?
    b) Quais são os desafios e oportunidades identificados no ambiente externo que afetam a logística e a cadeia de suprimentos?
    c) Como podemos alinhar as estratégias de logística e cadeia de suprimentos com os objetivos gerais da organização?

2. Gestão de fornecedores:

    a) Como podemos selecionar e avaliar fornecedores estratégicos?
    b) Quais são os critérios para garantir a qualidade e a confiabilidade dos fornecedores?
    c) Como podemos estabelecer parcerias colaborativas com os fornecedores?

3. Gestão de estoque:

    a) Quais são os níveis de estoque ideais para atender à demanda dos clientes e evitar rupturas?
    b) Como podemos otimizar o controle de estoque e minimizar os custos de armazenagem?
    c) Quais são as técnicas de previsão de demanda que podemos utilizar para planejar os níveis de estoque?

4. Gestão de transporte:

   a) Qual é a melhor estratégia de transporte para garantir a entrega eficiente dos produtos?
   b) Como podemos otimizar as rotas de transporte e minimizar os custos logísticos?
   c) Quais são as alternativas de modais de transporte que podem ser utilizadas para atender às necessidades da cadeia de suprimentos?

5. Gestão da demanda:

   a) Como podemos compreender e prever a demanda dos clientes de forma mais precisa?
   b) Quais são as ferramentas e técnicas que podemos utilizar para gerenciar a demanda e evitar estoques excessivos ou insuficientes?
   c) Como podemos melhorar a colaboração e a comunicação com os clientes para obter uma demanda mais previsível?

Essas perguntas norteadoras podem auxiliar na reflexão e no planejamento das atividades relacionadas à logística e gerenciamento da cadeia de suprimentos, permitindo uma abordagem estratégica e eficiente para lidar com os desafios e oportunidades nesses campos.

2.11 Gerenciamento de projetos

O *project management professional* (PMP) é uma certificação amplamente reconhecida na área de gerenciamento de projetos. Embora o PMP seja um conjunto de conhecimentos e práticas gerais aplicáveis a diferentes setores, suas etapas podem ser adaptadas e aplicadas ao contexto do agronegócio. As principais etapas do PMP incluem:

1. **Iniciação:**

- Definição do escopo do projeto agrícola, identificando seus objetivos, entregas e principais partes interessadas.
- Análise preliminar de viabilidade, considerando fatores como recursos disponíveis, restrições e benefícios esperados.

2. **Planejamento:**

- Elaboração de um plano de projeto detalhado, incluindo definição de atividades, sequenciamento, estimativas de recursos, cronograma e orçamento.
- Identificação e análise de riscos específicos do agronegócio, como variações climáticas, pragas e doenças, e desenvolvimento de estratégias de mitigação.
- Definição de métricas e indicadores de desempenho para monitorar o progresso do projeto agrícola.

3. **Execução:**

- Implementação das atividades planejadas, como preparo do solo, plantio, monitoramento do crescimento das culturas, colheita e armazenagem dos produtos agrícolas.
- Gerenciamento da mão de obra agrícola, assegurando a disponibilidade de pessoal qualificado para realizar as tarefas, conforme o cronograma estabelecido.
- Monitoramento do uso de recursos, como água, energia e insumos agrícolas, buscando a eficiência e a sustentabilidade no agronegócio.

4. **Monitoramento e controle:**

- Acompanhamento contínuo do progresso do projeto, comparando o desempenho real com o planejado e realizando ajustes quando necessário.

- Monitoramento dos indicadores de desempenho, avaliando o cumprimento de metas, a qualidade dos produtos agrícolas e a satisfação dos clientes.
- Controle do escopo, dos prazos e dos custos, buscando evitar desvios significativos e tomar ações corretivas para manter o projeto no caminho certo.

5. **Encerramento:**

- Finalização das atividades do projeto agrícola, como a colheita e a comercialização dos produtos agrícolas.
- Avaliação dos resultados obtidos, identificando lições aprendidas e oportunidades de melhoria para futuros projetos agrícolas.
- Formalização do encerramento do projeto, incluindo relatórios finais, análise de desempenho e agradecimentos às equipes envolvidas.

Embora essas etapas sejam aplicáveis ao agronegócio, é importante adaptá-las às características específicas de cada projeto agrícola, ou outro projeto do agronegócio, considerando os aspectos envolvidos e os regulatórios.

Figura 13: Imagem alusiva a gestão de projetos

Fonte: https://pixabay.com/pt/photos/escrit%C3%B3rio-o-neg%C3%B3cio-caderno-2717014/.

Os principais desafios em gestão de projetos podem variar, dependendo do setor e do tipo de projeto, no entanto, alguns desafios comuns incluem:

1. **Gerenciamento de recursos**: garantir que os recursos adequados estejam disponíveis no momento certo e na quantidade necessária para o projeto. **Solução**: realizar um planejamento detalhado e abrangente do projeto, considerando todos os aspectos relevantes, como escopo, recursos, cronograma e riscos, podendo ser usadas simulações com IA.
2. **Comunicação eficaz**: estabelecer uma comunicação clara e eficiente entre os membros da equipe, partes interessadas e demais envolvidos no projeto. **Solução**: estabelecer canais de comunicação eficazes, realizar reuniões regulares e utilizar ferramentas de colaboração para manter a equipe e as partes interessadas informadas sobre o progresso do projeto, bem como treinamentos de comunicação assertiva e comunicação não violenta podem ajudar.

3. **Controle de prazos e custos:** manter o projeto dentro do cronograma planejado e gerenciar os custos de forma eficiente. **Solução**: acompanhar de perto o andamento do projeto, monitorando o desempenho em relação ao cronograma e aos custos, identificando desvios e tomando ações corretivas quando necessário. Uma ferramenta recomenda é o gráfico de Gantt, usado para controlar os prazos e planilhas eletrônicas para gerenciar os custos.
4. **Gestão de riscos**: identificar e avaliar os riscos associados ao projeto, além de desenvolver estratégias de mitigação adequadas, o mapeamento de risco é fundamental. **Solução:** identificar os riscos potenciais desde o início do projeto, desenvolver planos de contingência e monitorar os riscos ao longo do tempo. A pandemia de COVID-19 subtraiu vidas e milhares de projetos.
5. **Mudanças de escopo**: lidar com mudanças ou solicitações de alteração de escopo durante o desenvolvimento do projeto. **Solução**: estabelecer um processo claro para lidar com mudanças de escopo, avaliando seu impacto no projeto e tomando decisões baseadas em critérios objetivos, documentar o projeto e desenvolver uma mentalidade flexível em toda equipe também contribui para gestão de projetos.

Um estudo que destaca alguns desses desafios e soluções é o "Pulse of the Profession", realizado pelo Project Management Institute (PMI). Esse estudo global identifica as principais tendências e práticas em gestão de projetos. Você pode acessar o site oficial do PMI (https://www.pmi.org) para obter mais informações sobre a pesquisa e seus resultados.

2.11.1 Ferramentas de gestão de projetos

Existem diversas ferramentas utilizadas na gestão de projetos, cada uma com sua aplicação específica. Aqui estão algumas das principais ferramentas de gestão de projetos:

1. **Diagrama de Gantt:** é uma representação gráfica do cronograma do projeto, mostrando as atividades, suas durações, as dependências entre elas e o progresso ao longo do tempo.
2. **Matriz de responsabilidades (RACI):** é uma matriz que define as responsabilidades de cada membro da equipe em relação às diferentes atividades do projeto, ajudando a garantir que todos os envolvidos estejam cientes de suas responsabilidades.
3. **Análise SWOT:** é uma ferramenta que analisa os pontos fortes e fracos, oportunidades e ameaças relacionadas ao projeto, permitindo uma melhor compreensão do ambiente interno e externo.
4. **Matriz de comunicação:** é uma ferramenta que define as formas de comunicação entre os membros da equipe, partes interessadas e demais envolvidos no projeto, facilitando a troca de informações e a tomada de decisões.
5. **Matriz de riscos:** é uma matriz que identifica, avalia e classifica os riscos associados ao projeto, ajudando a determinar as estratégias de mitigação e o plano de ação para lidar com os riscos.
6. **Diagrama de rede (PERT/CPM):** é uma representação gráfica das atividades do projeto, mostrando a sequência lógica e as estimativas de tempo, permitindo a identificação do caminho crítico e a análise do tempo total do projeto.
7. **Matriz de priorização:** é uma ferramenta que ajuda a priorizar as tarefas e decisões do projeto com base em critérios como impacto, urgência, recursos necessários e riscos envolvidos.
8. **Análise de valor agregado (*earned value analysis*):** é uma técnica de medição de desempenho que compara o valor planejado,

o valor realizado e o valor gasto no projeto, auxiliando no acompanhamento financeiro e na análise do desempenho do projeto.
9. **Lista de verificação (*checklist*)**: é uma lista de itens a serem verificados e concluídos ao longo do projeto, auxiliando no controle e garantindo que todas as etapas necessárias sejam cumpridas.
10. ***Software* de gerenciamento de projetos**: existem diversas opções de *softwares* de gerenciamento de projetos disponíveis, que oferecem recursos avançados para planejamento, acompanhamento, comunicação e documentação dos projetos.

Essas são apenas algumas das principais ferramentas de gestão de projetos. A escolha das ferramentas mais adequadas dependerá das necessidades e características específicas de cada projeto.

2.11.2 Gestão de projetos 5.0

A gestão de projetos 5.0 é uma evolução do conceito tradicional de gestão de projetos, impulsionada pela transformação digital e pelas novas tecnologias. No contexto do agronegócio, a gestão de projetos 5.0 tem um papel fundamental em impulsionar a inovação, a eficiência e a sustentabilidade nas operações agrícolas.

A gestão de projetos 5.0, no agronegócio, envolve a aplicação de tecnologias avançadas, como inteligência artificial, internet das coisas (IoT), *big data*, automação e análise de dados em tempo real. Isso permite uma gestão mais integrada, ágil e eficiente dos projetos agrícolas, trazendo benefícios significativos para o setor.

Alguns exemplos de como a gestão de projetos 5.0 pode ser aplicada no agronegócio são:

1. **Monitoramento inteligente**: utilização de sensores, *drones* e imagens de satélite para monitorar as condições das lavouras em tempo real e a agricultura de precisão, como GPS, sistemas de

posicionamento e sensoriamento remoto, para otimizar o uso de insumos agrícolas, como fertilizantes e defensivos, de acordo com as características específicas de cada área da lavoura. Isso contribui para reduzir os custos e os impactos ambientais.

2. **Rastreabilidade e transparência**: utilização de tecnologias de *blockchain* e internet das coisas para rastrear e registrar informações detalhadas sobre os produtos agrícolas, desde a produção até a comercialização, oferecer maior transparência e confiabilidade na cadeia de suprimentos, atendendo às exigências do mercado em relação à origem e qualidade dos produtos.
3. **Colaboração digital:** a utilização de plataformas e ferramentas digitais para facilitar a comunicação e a colaboração entre os diferentes atores da cadeia de suprimentos do agronegócio, como produtores, fornecedores, distribuidores e varejistas, pode agilizar os processos, reduzindo a burocracia e os custos operacionais.
4. **Análise de dados e tomada de decisão baseada em evidências:** utilização de técnicas de análise de dados avançadas para extrair *insights* relevantes e embasar a tomada de decisão estratégica. Com a análise de dados históricos, dados em tempo real e modelos preditivos para melhorar o planejamento, a gestão e o controle dos projetos agrícolas.

A gestão de projetos 5.0 no agronegócio permite uma abordagem mais ágil, colaborativa e tecnologicamente avançada para a gestão dos projetos agrícolas e, consequentemente, proporciona maior eficiência, sustentabilidade e competitividade ao setor, ao mesmo tempo em que contribui para a produção de alimentos de qualidade e a preservação do meio ambiente.

Figura 14: Tecnologia aplicada

Fonte: https://pixabay.com/pt/photos/tecnologia-o-neg%C3%B3cio-an%C3%A1lise-7111799/.

As perguntas norteadoras para a gestão de projetos são utilizadas para orientar e direcionar a equipe de projetos na busca por informações relevantes e na definição de ações adequadas:

a) Qual é o objetivo principal do projeto? O que esperamos alcançar?
b) Quais são os requisitos e expectativas dos clientes e *stakeholders* envolvidos?
c) Quais são os recursos necessários (humanos, financeiros, materiais) para realizar o projeto?
d) Quais são os principais marcos e entregas do projeto? Como podemos dividi-lo em fases ou etapas?
e) Quais são os riscos e desafios envolvidos no projeto? Como podemos mitigá-los?
f) Quais são as restrições de prazo, custo e qualidade que devemos considerar?

g) Quais são as principais atividades e tarefas a serem realizadas? Qual é a sequência lógica entre elas?
h) Quais são as dependências e inter-relações entre as atividades?
i) Quem são as pessoas e equipes envolvidas no projeto? Quais são as suas responsabilidades?
j) Como será feito o monitoramento e controle do projeto? Quais são as métricas e indicadores-chave de desempenho?
k) Quais são as comunicações e relatórios necessários para manter as partes interessadas informadas sobre o progresso do projeto?
l) Como vamos lidar com as mudanças de escopo e as solicitações de alteração durante o desenvolvimento do projeto?
m) Equipe precisa ser treinada ou mentoreada no projeto?
n) Quais são as lições aprendidas de projetos anteriores que podemos aplicar neste projeto?

Essas perguntas ajudam a fornecer direção e clareza durante todo o ciclo de vida do projeto, desde a sua concepção até o encerramento. Elas auxiliam na definição de metas, na alocação de recursos, na identificação e mitigação de riscos, na tomada de decisões e no monitoramento contínuo do progresso do projeto.

2.12 Gestão contábil e financeira

A contabilidade é uma área que se ocupa do registro, análise e interpretação das transações financeiras de uma empresa ou organização. Ela fornece informações valiosas sobre a saúde financeira e o desempenho econômico da empresa, permitindo a tomada de decisões informadas e estratégicas.

A contabilidade é como uma "linguagem dos negócios" que permite a comunicação e o entendimento dos aspectos financeiros de uma empresa. Ela ajuda a registrar e acompanhar todas as transações financeiras relacionadas à produção e comercialização de produtos agrícolas. A falta de gestão profissional, nas questões contábeis financeiras, constitui uma das principais causas para o encerramento das atividades de organizações que, muitas vezes, falham por subestimar a importância crítica desta dimensão empresarial.

Por exemplo, imagine que você está administrando uma empresa de produção de grãos no agronegócio. A contabilidade permitirá registrar as vendas de grãos, os custos de produção, as despesas com insumos agrícolas, os pagamentos a fornecedores e as receitas provenientes das vendas. Com base nesses registros, será possível calcular o lucro, analisar os custos de produção e monitorar a rentabilidade do negócio.

Fazer a contabilidade no agronegócio também pode auxiliar no controle de estoques de produtos agrícolas, como grãos, fertilizantes, defensivos agrícolas, entre outros. Por meio da contabilidade, é possível registrar as entradas e saídas de estoque, calcular o valor dos inventários e avaliar a eficiência do gerenciamento de estoques.

A contabilidade no agronegócio também desempenha um papel importante na análise de custos, permitindo o cálculo do custo de produção por unidade de produto agrícola. Isso ajuda a identificar áreas que podem ser otimizadas para reduzir custos e aumentar a rentabilidade.

Considere que a contabilidade auxilia no cumprimento das obrigações fiscais, garantindo que a empresa esteja em conformidade com as leis e regulamentos fiscais específicos do agronegócio. Ela auxilia na preparação de declarações fiscais e no cálculo de impostos, como o Imposto sobre Circulação de Mercadorias e Serviços (ICMS) e o Imposto de Renda Rural (IRR).

A contabilidade no contexto do agronegócio é essencial para o registro, controle e análise das transações financeiras relacionadas à produção e comercialização de produtos agrícolas. Ela fornece informações valiosas para a gestão financeira, a tomada de decisões estratégicas e o cumprimento das obrigações legais e fiscais. Por meio da contabilidade é possível ter uma visão clara e precisa da saúde financeira da empresa no agronegócio.

A gestão financeira envolve o gerenciamento eficaz dos recursos financeiros de uma organização, com o objetivo de maximizar o valor para os acionistas e garantir a sustentabilidade financeira da empresa.

Fazer a gestão financeira é como cuidar do dinheiro de uma empresa. Ela envolve a tomada de decisões sobre como investir, gastar e obter recursos financeiros para alcançar os objetivos da organização. Envolve o planejamento financeiro, controle de custos, análise de investimentos, gerenciamento de riscos e obtenção de financiamentos.

No agronegócio, a gestão financeira é particularmente importante devido às especificidades do setor. As atividades relacionadas ao agronegócio estão sujeitas a riscos climáticos, flutuações de preços de *commodities* e sazonalidade das culturas. O agronegócio, geralmente, envolve altos investimentos em terras, equipamentos agrícolas e tecnologia e está sujeito às políticas governamentais e subsídios, além de ciclos de produção longos e irregulares.

Por exemplo, imagine que você esteja envolvido em um projeto de criação de gado de corte. A gestão financeira ajudaria a analisar os custos envolvidos na criação do gado, como alimentação, cuidados veterinários e infraestrutura. Contribui na avaliação do retorno esperado do investimento, considere o preço de venda do gado e os custos de produção. Com essa análise, seria possível tomar decisões sobre o tamanho do rebanho, os investimentos necessários e o planejamento financeiro para garantir a rentabilidade do projeto.

A gestão financeira no agronegócio envolve o controle do fluxo de caixa, a gestão de estoques e a análise de riscos relacionados a fatores como variações de preço de *commodities*, condições da sanidade animal (envolve a prevenção, controle e erradicação de doenças que podem afetar os animais), e políticas governamentais e mercado nacional e global.

Para fazer com que a gestão financeira no agronegócio contribua para garantir a eficiência financeira, a rentabilidade e a sustentabilidade das operações agrícolas, ela precisa estar conectada com o planejamento estratégico, e ser consultada para a tomada de decisões, o acompanhamento sistemático do controle financeiro para enfrentar os desafios específicos do setor, antevendo adversidades e a liquidez de capital, entre outros pontos. É por meio da gestão financeira adequada que se torna possível otimizar o uso dos recursos financeiros, minimizar riscos e alcançar resultados positivos no agronegócio.

A gestão contábil e financeira desempenha um papel fundamental nas organizações como um todo e nas empresas do agronegócio. Para realizar um gerenciamento eficaz dos recursos financeiros da organização, é essencial registrar todas as transações, controlar as entradas e saídas de recursos, bem como gerar relatórios gerenciais que auxiliem na tomada de decisão. A importância da gestão contábil e financeira pode ser destacada da seguinte forma:

1. **Tomada de decisões**: a gestão contábil e financeira fornece informações relevantes sobre a saúde financeira da empresa, permitindo que os gestores tomem decisões com base nas informações corretas. A informação precisa ajudar a identificar oportunidades de crescimento e riscos financeiros e a determinar a viabilidade ou inviabilidade de investimentos.
2. **Controle financeiro**: a gestão contábil e financeira auxilia no controle das finanças da empresa, monitorando o fluxo de caixa, gerenciando contas a pagar e a receber, e garantindo o cumprimento das obrigações financeiras. Esse controle evita problemas de liquidez e ajuda a reduzir custos desnecessários e manter a empresa em uma posição financeiramente saudável.
3. **Planejamento estratégico**: a gestão contábil e financeira contribui para o planejamento estratégico da empresa. Ajuda a estabelecer metas financeiras, desenvolver orçamentos, projetar fluxos de caixa e identificar áreas que precisam de melhorias financeiras. O que permite que a empresa planeje suas atividades de forma mais eficiente e eficaz.
4. **Conformidade regulatória e fiscal**: a gestão contábil e financeira garante que a empresa esteja em conformidade com as normas contábeis, regulatórias e fiscais aplicáveis. Auxilia na preparação de relatórios financeiros precisos e no cumprimento das obrigações fiscais, o que evita penalidades legais, garantindo a transparência nas operações financeiras.

5. **Análise e controle de custos**: a gestão contábil e financeira permite uma análise detalhada dos custos da empresa, identificando áreas de ineficiência e oportunidades de redução de custos, o que melhora a rentabilidade e a competitividade da empresa no mercado.

No agronegócio, a gestão contábil e financeira desempenha um papel crucial. Uma gestão financeira eficaz ajuda as empresas agrícolas a mitigar riscos, otimizar o uso de recursos, controlar custos de produção e tomar decisões estratégicas para alcançar resultados financeiros positivos, além de proporcionar informações e ferramentas necessárias para uma tomada de decisão embasada, controle financeiro efetivo, planejamento estratégico adequado e conformidade com regulamentações e obrigações fiscais.

2.12.1 Fazendo a contabilidade de uma empresa do agronegócio

Para fazer a contabilidade de uma empresa do agronegócio, é recomendado seguir os princípios contábeis como a separação das transações pessoais e comerciais, a suposição de continuidade operacional, o reconhecimento das receitas e despesas conforme a competência, o registro dos ativos pelo custo de aquisição, entre outros princípios que são a base da confiança do público na contabilidade financeira, e são essenciais para manter a integridade do sistema financeiro. A seguir, algumas etapas importantes:

1. **Registro de transações:** comece registrando todas as transações financeiras da empresa, como compras de insumos agrícolas, vendas de produtos agrícolas, pagamentos a fornecedores, recebimentos de clientes, pagamentos de salários, entre outros. Os registros podem ser feitos manualmente em um livro-caixa ou utilizando um *software* contábil.

2. **Classificação contábil**: classifique cada transação em categorias contábeis adequadas, como vendas, compras, despesas operacionais, custos de produção, folha de pagamento, entre outras.
3. **Lançamentos contábeis**: com base nos registros e classificações contábeis, faça os lançamentos contábeis correspondentes. Registre entradas e saídas, débitos e créditos nas contas apropriadas, seguindo as normas contábeis.
4. **Conciliação bancária**: realize a conciliação bancária para garantir que as transações registradas na contabilidade correspondam às movimentações bancárias é fundamental. Verifique e ajuste eventuais diferenças entre os saldos contábeis e os saldos bancários. Sistemas informatizados podem agilizar essa fase.
5. **Elaboração de demonstrações financeiras:** com base nos lançamentos contábeis, elabore as demonstrações financeiras, como o balanço patrimonial, a demonstração de resultados (DRE) e a demonstração do fluxo de caixa. Essas demonstrações fornecerão uma visão clara da situação financeira da empresa.
6. **Análise e interpretação:** analise as demonstrações financeiras para avaliar o desempenho financeiro da empresa. Identifique áreas de melhoria, oportunidades de redução de custos e estratégias para aumentar a rentabilidade.
7. **Cumprimento de obrigações fiscais**: prepare e envie as declarações fiscais exigidas pelas autoridades fiscais, como o Imposto sobre Circulação de Mercadorias e Serviços (ICMS), o Imposto de Renda Rural (IRR) e outras obrigações tributárias específicas do agronegócio. (As questões fiscais no Brasil são dinâmicas e precisam ser acompanhadas de maneira sistemática).
8. **Controle de estoques**: faça o controle contábil dos estoques agrícolas, registrando as entradas e saídas, bem como o valor dos estoques em cada período contábil. Isso é importante para o cálculo do custo de produção e para uma visão precisa do valor dos estoques da empresa.

Lembre-se de que é fundamental contar com um profissional contábil qualificado para realizar a contabilidade da empresa do agronegócio. Um contador experiente no setor poderá fornecer orientações específicas, garantindo a conformidade com as normas contábeis e fiscais aplicáveis ao agronegócio.

2.12.2 As questões legais

A gestão contábil e financeira de uma empresa do agronegócio deve observar diversas legislações aplicáveis ao setor. Algumas das principais legislações que devem ser consideradas são:

1. **Legislação tributária**: inclui normas relacionadas aos impostos e contribuições que incidem sobre as atividades do agronegócio, como o Imposto sobre Circulação de Mercadorias e Serviços (ICMS), o Imposto sobre Produtos Industrializados (IPI), o Imposto de Renda Pessoa Jurídica (IRPJ), a Contribuição para o Financiamento da Seguridade Social (Cofins), entre outros. A legislação tributária também abrange regimes especiais, incentivos fiscais e obrigações acessórias, como a entrega de declarações fiscais, e está em constante mudança.
2. **Normas contábeis:** as normas contábeis são definidas pelos órgãos reguladores competentes e estabelecem os princípios e critérios para elaboração das demonstrações financeiras. No Brasil, as principais normas contábeis são é a Lei das Sociedades por Ações (Lei nº 6.404/1976) e as Normas Brasileiras de Contabilidade (NBC).
3. **Legislação trabalhista:** regula as relações de trabalho e os direitos e deveres dos funcionários. Inclui normas sobre contratação, jornada de trabalho, remuneração, benefícios, segurança e saúde ocupacional, entre outros aspectos relacionados aos colaboradores da empresa.

4. **Legislação ambiental**: o agronegócio está sujeito a regulamentações ambientais que visam proteger o meio ambiente e estabelecer práticas sustentáveis. Essas normas podem abranger aspectos como licenciamento ambiental, manejo de resíduos, uso de agrotóxicos, conservação de recursos naturais, entre outros.
5. **Legislação agrícola**: o setor agrícola é regulamentado por leis específicas que abrangem aspectos como o registro e controle de produtos agroquímicos, a certificação de sementes, a inspeção e qualidade de alimentos, a rastreabilidade de produtos, entre outros.

É importante ressaltar que a legislação pode variar de acordo com o país, estado e município em que a empresa do agronegócio está localizada. Portanto, é recomendado contratar com profissionais especializados na área contábil e jurídica, que possam manter-se atualizados sobre as normas e regulamentações aplicáveis e garantir a conformidade da empresa com as obrigações legais.

Para as empresas multinacionais, é crucial estar em conformidade com os padrões contábeis internacionais, a fim de garantir transparência e comparabilidade em suas demonstrações financeiras.

Existem diversas ferramentas utilizadas na contabilidade e na gestão financeira para auxiliar no controle e análise das informações financeiras de uma empresa. Alguns exemplos das principais ferramentas são:

1. **Planilhas eletrônicas**: *softwares* como o Microsoft Excel, Google Sheets ou outras planilhas eletrônicas são amplamente utilizados para organizar e registrar os dados financeiros da empresa, criar demonstrações financeiras, realizar cálculos e análises, entre outras atividades contábeis e financeiras.
2. **Sistemas de contabilidade**: *softwares* especializados em contabilidade permitem automatizar e integrar os processos contábeis, facilitando a entrada de dados, o registro de transações, a geração de relatórios financeiros e a análise das informações contábeis.

3. *Software* **de gestão financeira**: ferramentas de gestão financeira, como ERPs (*enterprise resource planning*), auxiliam no controle financeiro da empresa, permitindo a gestão de contas a pagar e a receber, o controle de fluxo de caixa, a elaboração de orçamentos, entre outras atividades relacionadas à gestão financeira.
4. **Indicadores financeiros**: são métricas e índices financeiros utilizados para avaliar o desempenho financeiro da empresa, como o retorno sobre investimento (*ROI*), margem de lucro, liquidez, entre outros. Esses indicadores permitem uma análise mais aprofundada da saúde financeira da organização.
5. **Análise de custos**: ferramentas e técnicas para análise de custos, como o custo fixo, custo variável, ponto de equilíbrio, análise de valor agregado (EVA), permitem uma melhor compreensão dos custos envolvidos nas operações da empresa e auxiliam na tomada de decisões para redução de custos e aumento da rentabilidade.
6. **Orçamento empresarial**: o orçamento empresarial é uma ferramenta essencial para o planejamento financeiro da empresa. Permite definir metas e objetivos financeiros, alocar recursos, estimar receitas e despesas, controlar variações e monitorar o desempenho financeiro ao longo do tempo.
7. **Análise de investimentos**: ferramentas como o valor presente líquido (VPL), a taxa interna de retorno (TIR), o *payback*, entre outras, auxiliam na análise de viabilidade de investimentos e na tomada de decisões relacionadas a projetos e oportunidades de investimento.
8. **Análise de retorno social e ambiental**: essa ferramenta vai além dos aspectos financeiros e considera os impactos sociais e ambientais do investimento agrícola. A análise dos benefícios sociais, como geração de empregos e desenvolvimento regional, e a avaliação dos impactos ambientais, como preservação dos recursos naturais, uso sustentável da terra e redução das emissões de gases de efeito estufa. Essa análise ajuda a tomar decisões mais sustentáveis e alinhadas com os princípios de responsabilidade social e ambiental.

Essas são apenas algumas das principais ferramentas utilizadas na contabilidade e na gestão financeira. A escolha das ferramentas mais adequadas dependerá das necessidades específicas da empresa e do contexto em que ela está inserida. É importante contar com profissionais qualificados e sistemas confiáveis para utilizar essas ferramentas de maneira eficiente e obter informações financeiras precisas e relevantes.

2.12.3 Calculando o VPL e a TIR

O cálculo de viabilidade financeira no agronegócio envolve a análise do investimento necessário, custos, despesas e rentabilidade, ou seja, os benefícios de um projeto agrícola, a fim de determinar se ele é financeiramente viável. Existem algumas métricas e indicadores que podem ser utilizados nesse processo.

Vamos analisar dois exemplos práticos: o valor presente líquido (VPL) e a taxa interna de retorno (TIR).

1. **Valor presente líquido (VPL)**: o VPL é uma medida que avalia o valor atual dos fluxos de caixa futuros de um projeto, descontando-os a uma taxa de juros adequada. Se o VPL for positivo, significa que o projeto tem uma taxa de retorno superior à taxa de desconto utilizada e, portanto, é considerado viável financeiramente.

Exemplo: um produtor rural está considerando investir em uma nova tecnologia de irrigação para aumentar a produtividade de seu cultivo de frutas. O investimento inicial é de R$ 100.000, e o projeto deve ser analisado num prazo de cinco anos. A projeção de fluxo de caixa anual, considerando custos/despesas e receitas é a seguinte:

- Ano 1: R$ 30.000
- Ano 2: R$ 40.000
- Ano 3: R$ 50.000
- Ano 4: R$ 60.000
- Ano 5: R$ 70.000

A taxa de desconto utilizada é de 10% aa. Para calcular o VPL, é necessário descontar cada fluxo de caixa pelo valor presente correspondente, de acordo com a taxa de desconto. Em seguida, somam-se esses valores presentes.

Cálculo do VPL:

VPL = -100.000 + (30.000 / (1 + 0,10)^1) + (40.000 / (1 + 0,10)^2) + (50.000 / (1 + 0,10)^3) + (60.000 / (1 + 0,10)^4) + (70.000 / (1 + 0,10)^5)

Se o resultado do cálculo do VPL for maior que zero, significa que o projeto é viável financeiramente.

2. **Taxa interna de retorno (TIR)**: a TIR é a taxa de desconto que iguala o VPL a zero. Em outras palavras, é a taxa de retorno que o projeto precisa alcançar para que o VPL seja zero.

Exemplo: utilizando os mesmos dados do exemplo anterior, o cálculo da TIR é realizado buscando a taxa de desconto que zera o VPL.

Cálculo da TIR: 0 = -100.000 + (30.000 / (1 + TIR)^1) + (40.000 / (1 + TIR)^2) + (50.000 / (1 + TIR)^3) + (60.000 / (1 + TIR)^4) + (70.000 / (1 + TIR)^5)

Encontrar a taxa de desconto que faz o VPL igual a zero nos permite determinar a TIR do projeto. Se a TIR for maior que a taxa de desconto utilizada, o projeto é considerado viável financeiramente.

Esses são apenas dois exemplos de ferramentas utilizadas na análise de viabilidade financeira no agronegócio. É importante considerar outros fatores, como riscos, estudo de mercado, custos de oportunidade, vida útil do projeto e outros indicadores financeiros relevantes para uma análise mais completa.

2.12.4 Conseguindo recursos financeiros

1. **Banco Nacional de Desenvolvimento Econômico e Social (BNDES)**: o BNDES oferece linhas de crédito específicas para o agronegócio e disponibiliza informações sobre programas de financiamento e apoio. Acesse: www.bndes.gov.br.
2. **Ministério da Agricultura, Pecuária e Abastecimento (Mapa)**: o Mapa é o órgão responsável pela formulação e execução das políticas para o agronegócio no Brasil. O site do Ministério apresenta informações sobre programas de fomento e apoio ao setor. Acesse: www.agricultura.gov.br.
3. **Serviço Brasileiro de Apoio às Micro e Pequenas Empresas (Sebrae)**: o Sebrae oferece programas e soluções para o desenvolvimento de micro e pequenas empresas no agronegócio, incluindo acesso a financiamentos e capacitações. Acesse: www.sebrae.com.br.
4. **Agência Nacional de Assistência Técnica e Extensão Rural (ANATER)**: a ANATER é responsável por promover a assistência técnica e a extensão rural no Brasil. O site da agência traz informações sobre programas de apoio ao agronegócio. Acesse: www.anater.org.
5. **Secretaria de Agricultura e Abastecimento do estado de interesse**: cada estado brasileiro tem sua Secretaria de Agricultura, que disponibiliza informações sobre programas, financiamentos e políticas específicas para o agronegócio. Procure pelo site da Secretaria de Agricultura do estado de seu interesse.

É importante ressaltar que os sites mencionados são referências no Brasil, mas cada país pode ter suas próprias instituições e órgãos governamentais responsáveis pelo fomento ao agronegócio. É recomendável verificar as instituições e órgãos governamentais do país, em questão, para obter informações mais precisas e atualizadas.

2.12.5 Contabilidade e gestão financeira 5.0

A contabilidade e a gestão financeira estão evoluindo rapidamente para acompanhar as transformações do mundo dos negócios. O conceito de "contabilidade e gestão financeira 5.0" refere-se à adoção de tecnologias avançadas, automação de processos e o uso de análise de dados para tomar decisões estratégicas e impulsionar o desempenho financeiro das empresas.

Na era da contabilidade e da gestão financeira 5.0, as empresas estão buscando uma abordagem mais integrada, inteligente e preditiva para lidar com suas finanças e informações contábeis. Alguns elementos-chave dessa abordagem incluem:

1. **Digitalização e automatização:** as empresas estão aproveitando as inovações tecnológicas, como a inteligência artificial (IA) e a automação de processos, para agilizar tarefas contábeis e financeiras, reduzir erros e aumentar a eficiência. A digitalização de documentos, a utilização de *softwares* de contabilidade e gestão financeira, e a automatização de fluxos de trabalho.
2. **Análise de dados e *business intelligence*:** com o avanço da tecnologia, há cada vez mais dados disponíveis para as empresas. A contabilidade e a gestão financeira 5.0 envolvem a análise desses dados por meio de ferramentas de *business intelligence* (BI), utilizam técnicas de análise avançada, como mineração de dados e aprendizado de máquina, para obter *insights* valiosos e embasar decisões estratégicas.

3. **Visão sistêmica e integrada**: a abordagem 5.0, busca uma visão sistêmica e integrada das informações financeiras e contábeis da empresa que propõe a integração de sistemas e processos, a fim de obter uma visão completa e em tempo real do desempenho financeiro, facilitando a identificação de oportunidades de melhoria e a tomada de decisões informadas.
4. **Predição e antecipação**: a contabilidade e a gestão financeira 5.0 visam ir além do mero registro histórico de transações e resultados. A novidade está na utilização de técnicas de previsão e modelagem para antecipar cenários futuros e avaliar riscos e oportunidades, o que pode possibilitar e desenvolver estratégias financeiras mais sólidas.
5. **Sustentabilidade e responsabilidade social**: com o crescente foco na sustentabilidade e responsabilidade social, a contabilidade e a gestão financeira 5.0 também consideram a integração de critérios ESG nas análises financeiras e na tomada de decisões. Desta maneira, inclui a avaliação do impacto ambiental e social dos investimentos e a adoção de práticas financeiras responsáveis. A figura de governança corporativa e de auditorias são recomendadas

A contabilidade e a gestão financeira 5.0 desempenham um papel importante na gestão eficiente dos recursos financeiros, na análise de investimentos agrícolas, no monitoramento do desempenho econômico das atividades agrícolas e no alinhamento com práticas sustentáveis. A utilização das tecnologias emergentes e abordagens avançadas contribuem para a eficiência, a transparência e a tomada de decisões estratégicas. Incluir auditorias, políticas de *compliance* e governança corporativa é também importante. Lembre-se da importância de um contador devidamente habilitado para realização da contabilidade da organização.

As perguntas norteadoras podem ser úteis na contabilidade e gestão financeira, para direcionar a análise e a tomada de decisões:

a) Qual é o objetivo principal da nossa contabilidade e gestão financeira?
b) Quais são os principais desafios e oportunidades que enfrentamos na área financeira?
c) Quais são as metas financeiras que devemos alcançar, e como elas estão alinhadas com os objetivos estratégicos da organização?
d) Quais são as principais fontes de receita e como podemos otimizar a geração de recursos financeiros?
e) Como podemos controlar e monitorar os custos e despesas de forma eficiente?
f) Como podemos gerenciar o capital de giro de maneira adequada para garantir a liquidez da empresa?
g) Quais são os riscos financeiros envolvidos nas nossas operações, e como podemos mitigá-los?
h) Como podemos otimizar a gestão do fluxo de caixa e garantir uma adequada gestão financeira de curto prazo?
i) Quais são os indicadores financeiros mais relevantes para o nosso negócio, e como podemos utilizá-los para monitorar o desempenho financeiro?
j) Como podemos otimizar a estrutura de capital da empresa e buscar alternativas de financiamento mais favoráveis?
k) Quais são os investimentos estratégicos que devemos considerar, e como podemos avaliar sua viabilidade financeira?
l) Como estamos gerenciando os riscos cambiais e as flutuações de mercado que podem impactar nossas finanças?
m) Como podemos garantir a conformidade com as normas contábeis e regulamentações financeiras aplicáveis?
n) Como podemos promover a transparência e a prestação de contas na nossa contabilidade e gestão financeira?
o) Quem vai auditar os números? Será auditoria externa?
p) O que impede de incluir a governança corporativa na organização?

q) Como estamos utilizando a tecnologia e os sistemas de informação para melhorar a eficiência e a precisão dos processos financeiros?

Essas perguntas norteadoras podem ajudar a direcionar a análise, o planejamento e a tomada de decisões na área de contabilidade e gestão financeira, contribuindo para uma gestão mais eficiente dos recursos financeiros e uma melhor performance financeira da organização.

2.13 Inovação e a gestão 5.0

A inovação e a tecnologia desempenham um papel fundamental na gestão moderna, especialmente na Gestão 5.0, que busca integrar avanços tecnológicos e práticas inovadoras para impulsionar o desempenho e a competitividade das empresas. Pensar em agronegócio 5.0, em que a agricultura digital é um exemplo de como a inovação e a tecnologia estão transformando a gestão nesse setor.

Agricultura digital, também conhecida como agricultura de precisão, envolve a aplicação de tecnologias avançadas, como internet das coisas (IoT), análise de dados, inteligência artificial (IA) e *drones*, no processo agrícola. Essas tecnologias permitem coletar e analisar dados em tempo real, monitorar variáveis ambientais, otimizar o uso de recursos, automatizar tarefas e tomar decisões mais embasadas.

A importância da inovação e da tecnologia na gestão do agronegócio pode ser observada em diversos aspectos:

1. **Aumento da produtividade**: a agricultura digital possibilita o monitoramento detalhado das condições do solo, clima e culturas, permitindo a tomada de ações precisas para melhorar a produtividade agrícola. Com o uso de sensores, *drones* e imagens de satélite auxiliam na identificação de problemas, como pragas e doenças, e na aplicação precisa de insumos agrícolas, reduz desperdícios e otimiza a produção gerando competitividade em escala global.

2. **Melhoria da eficiência e redução de custos**: a utilização de tecnologias avançadas na gestão agrícola, como sistemas de gestão integrados, automação de processos e análise de dados, permite uma melhor gestão dos recursos, resultando em maior eficiência operacional e redução de custos. O uso racionalizado dos recursos, promove a economia de água e energia, otimização do uso de fertilizantes e defensivos agrícolas, e a automatização de tarefas, como colheita e irrigação.
3. **Tomada de decisões embasadas em dados**: com a agricultura digital, os gestores têm acesso a dados precisos e em tempo real sobre o desempenho das lavouras, condições climáticas, demanda do mercado e outros fatores relevantes. Desta maneira, fazem uma análise mais completa e podem tomar decisões embasadas em dados contando com apoio de projeções de resultados. Deste modo, são mais efetivos nas escolhas e conseguem estabelecer estratégias mais efetivas.
4. **Rastreabilidade e segurança alimentar**: a utilização de tecnologias de rastreamento, como códigos de barras e sistemas de identificação por radiofrequência (RFID), permite o acompanhamento preciso de todo o processo produtivo, desde o plantio até a distribuição dos produtos agrícolas. Desta forma, fica mais fácil garantir a segurança alimentar, a qualidade dos produtos e a conformidade com regulamentações vigentes e padrões de mercado nacional e internacional.
5. **Conectividade e integração da cadeia de suprimentos**: a inovação e a tecnologia facilitam a conectividade entre os diferentes elos da cadeia de suprimentos agrícola, desde os produtores até os consumidores finais. Com o controle em tempo real, é possível acompanhar e coordenar o processo, facilitando a comunicação e o compartilhamento de informações, agilizando processos, reduzindo desperdícios e ganhando qualidade e competitividade.

2.14 Resumo

1. Importância da gestão empresarial competitiva no contexto do agronegócio.
2. Principais temas em nível de gestão para o agronegócio: gestão estratégica, marketing, gestão de pessoas, financeiro, qualidade, gestão de projetos, a logística e a cadeia de suprimentos.
3. Escolas da Administração: apresentação das principais escolas da administração, como a científica, clássica, das relações humanas, burocracia, comportamentalista, teoria dos sistemas, entre outras.
4. Gestão contemporânea: exploração das principais abordagens contemporâneas em gestão, como metodologias ágeis, *design thinking*, ESG, gestão sustentável, economia criativa, *cognitive business* e IA.
5. Ferramentas de planejamento estratégico: apresentação de ferramentas como análise SWOT, análise de cenários, matriz BCG e *balanced scorecard*.
6. Missão, visão e valores: explicação sobre a importância e significado desses elementos para uma organização, com exemplos no contexto do agronegócio.
7. Gestão de pessoas: destaque para a importância da gestão de pessoas, com foco na atração, retenção, orientação, desenvolvimento e monitoramento dos talentos.
8. Logística e cadeia de suprimentos: definição, importância e ferramentas da logística, relacionadas ao agronegócio.
9. Gestão financeira e contábil: conceitos, importância, legislações, ferramentas e desafios relacionados à gestão financeira e contábil no agronegócio.
10. Gestão de projetos: exploração do conceito, importância, principais etapas do PMP e ferramentas relacionadas à gestão de projetos no contexto do agronegócio.

11. Inovação e tecnologia na gestão: importância da inovação e tecnologia na gestão, com ênfase na agricultura digital e sua aplicação no agronegócio.
12. Gestão 5.0: exploração dos conceitos de gestão 5.0, destacando a evolução e o impacto da tecnologia na gestão, com exemplos no agronegócio.
13. Agricultura digital: conceito, importância e aplicação da agricultura digital no agronegócio, destacando o uso de tecnologias avançadas na gestão agrícola.
14. Análise de investimentos: exploração das ferramentas de análise de investimentos, como VPL, TIR, *payback*, e sua aplicação no agronegócio.
15. Contabilidade e gestão financeira 5.0: apresentação da evolução da contabilidade e gestão financeira, destacando o uso de tecnologias e a análise de dados para uma gestão mais eficiente.

2.15 Estudo de caso: empresa Agrotech – superando desafios de gestão no agronegócio

Introdução

A AgroTech é uma empresa do setor agrícola, especializada na produção e comercialização de grãos. Apesar de ser reconhecida pelo seu potencial de crescimento, a empresa enfrenta uma série de desafios de gestão que impactam sua eficiência operacional e os resultados financeiros. Vamos conhecer os desafios e análise como gestor do agronegócio.

Desafio 1: gestão de estoques e logística é atualmente um dos principais problemas enfrentados pela AgroTech. É uma gestão confusa, com muitas perdas e atrasos, além da falta de produto, o que pode sinalizar uma gestão inadequada de estoques e a falta de eficiência na logística. A empresa, muitas vezes, enfrenta problemas que vão muito além da falta de estoques, resultando em custos adicionais e perdas financeiras. Além disso, a logística de transporte e armazenamento de grãos apresenta erros que vêm impactado a entrega no prazo e a qualidade dos produtos. **Qual é a sua proposta?**

Solução proposta:

- Implementação de um sistema de gestão de estoques integrado, que permita o controle preciso das quantidades de grãos em estoque, evitando desperdícios e garantindo a disponibilidade adequada.
- Investimento em tecnologias de rastreamento e monitoramento, como sensores e RFID, para acompanhar o fluxo dos grãos, desde a produção até a entrega, melhorando a eficiência logística e garantindo a qualidade dos produtos.

Desafio 2: na gestão financeira e contábil, a AgroTech passa por desafios em relação à falta de controle adequado dos custos de produção, análise insuficiente dos resultados financeiros e dificuldades na gestão do fluxo de caixa, o que ocasiona, corriqueiramente, o pagamento de juros. Além disso, a falta de agilidade nas informações, e até falta de transparência contábil prejudica a tomada de decisões estratégicas. **Qual é a sua proposta?**

Solução proposta:

- Implantação de um sistema de gestão financeira e contábil integrado, que permita o registro adequado de todos os custos de produção, facilitando a análise dos resultados e a identificação de oportunidades de redução de custos.
- Realização de análises financeiras regulares, como a análise de indicadores de rentabilidade e liquidez, para avaliar a saúde financeira da empresa e identificar possíveis melhorias.

- Contratação de um profissional especializado em contabilidade para garantir a conformidade com as normas contábeis e a transparência nas informações financeiras.

Desafio 3: na gestão de pessoas e liderança, a AgroTech enfrenta dificuldades relacionadas a problemas de comunicação, falta de engajamento dos colaboradores e ausência de um plano de desenvolvimento de lideranças, alto *turnover*, além de reclamações constantes e falta de engajamento. **Qual é a sua proposta?**

Solução proposta:

- Implementação de um programa de capacitação e desenvolvimento de lideranças, visando aprimorar as habilidades de gestão e liderança dos líderes da empresa.
- Melhoria na comunicação interna, com a realização de reuniões periódicas, *feedbacks* constantes e o estabelecimento de canais de comunicação eficientes.
- Criação de um ambiente de trabalho colaborativo e motivador, com programas de reconhecimento e incentivo aos colaboradores.

Além dos desafios mencionados anteriormente, a empresa AgroTech também enfrenta problemas relacionados à estratégia de marketing e posicionamento de mercado, descontos excessivos e falta de política de preços. A falta de uma estratégia clara de marketing resulta em baixa visibilidade da marca, dificuldades na conquista de novos clientes e menor competitividade no mercado agrícola. **Qual é a sua proposta?**

Solução proposta:

- Realização de uma análise detalhada do mercado agrícola para identificar oportunidades e segmentos-alvo. Isso envolve a compreensão das necessidades dos clientes, os concorrentes existentes e as tendências de mercado.

- Desenvolvimento de uma estratégia de marketing robusta, incluindo a definição clara do público-alvo, posicionamento da marca e proposta de valor diferenciada, além do estabelecimento de uma política de preço.
- Utilização de ferramentas de marketing digital, como presença nas redes sociais, criação de um *site* institucional e produção de conteúdo relevante para atrair e engajar os clientes.
- Investimento em campanhas de marketing direcionadas, como anúncios segmentados, parcerias estratégicas e participação em eventos do setor agrícola.
- Monitoramento contínuo dos resultados das ações de marketing e ajuste da estratégia, conforme necessário, com base nos *feedbacks* dos clientes e nas métricas de desempenho.

Com a implementação dessas soluções, a empresa AgroTech poderá fortalecer sua presença no mercado, atrair e reter clientes, aumentar a participação de mercado e se destacar da concorrência. A estratégia de marketing bem definida e eficaz será um diferencial para impulsionar o crescimento da empresa no agronegócio.

Conclusão: a empresa AgroTech, assim como muitas outras empresas do agronegócio, enfrenta desafios complexos na gestão. No entanto, com a adoção de soluções estratégicas voltadas para a gestão de estoques, logística, finanças, contabilidade, gestão de pessoas e liderança, a empresa poderá superar esses desafios e alcançar uma maior eficiência operacional, crescimento sustentável e melhores resultados financeiros. O contínuo monitoramento e ajuste dessas soluções serão essenciais para garantir a melhoria contínua da empresa no mercado competitivo do agronegócio.

Caso de contextualização: os três amigos do agronegócio – 2ª parte
O Encontro dos amigos mudou a história

João e Roberto, impressionados com o sucesso de Ketlin, perceberam que a profissionalização na gestão era o que faltava em seus próprios negócios. João decidiu fazer cursos de gestão e contratar uma consultoria para ajudá-lo a modernizar o mercadinho. Já Roberto, inspirado pela história de Ketlin, investiu em uma equipe qualificada e em marketing para recuperar a agroindústria de geleias.

Anos depois, os três amigos se reencontraram novamente na festa da cidade, e o resultado das mudanças em seus negócios foi impressionante. João e Roberto conseguiram transformar seus negócios e dobraram o faturamento, enquanto Ketlin se tornou uma referência em sua área e havia expandido ainda mais sua propriedade rural.

E assim, João, Ketlin e Roberto perceberam que a profissionalização na gestão dos negócios é fundamental para o sucesso empresarial. Eles aprenderam que investir em conhecimento, tecnologia e em uma equipe competente é um fator decisivo para o crescimento e prosperidade de um negócio.

O que você aprendeu com essa história e capítulo?
Fique atualizado: conecte-se com a Embrapa

A Embrapa (Empresa Brasileira de Pesquisa Agropecuária) é uma instituição pública de pesquisa que atua no desenvolvimento de tecnologias e soluções para o agronegócio no Brasil. Ela ajuda o gestor do agronegócio fornecendo informações técnicas, recomendações e inovações que podem ser aplicadas na produção agrícola e pecuária. Seu site, www.embrapa.br, oferece acesso a publicações, artigos, eventos e cursos para atualização dos profissionais. A Embrapa contribui para a melhoria da eficiência produtiva, qualidade dos produtos e sustentabilidade ambiental, fortalecendo o agronegócio brasileiro.

2.16 Referências bibliográficas

AKABANE, Getulio K. **Gestão Estratégica das Tecnologias Cognitivas**: Conceitos, Metodologia e aplicações. São Paulo: Erica, 2018.

ALMEIDA, Jarbas Thaunahy S. **Matemática Financeira**. Disponível em: Grupo GEN, Grupo GEN, 2016.

ALVES, Dalton V. **Gerenciamento Estratégico de Projetos**. Disponível em: Grupo GEN, Grupo GEN, 2013.

BARBIERI, Ugo Franco. **Gestão de Pessoas nas Organizações**: Conceitos Básicos e Aplicações. Disponível em: Grupo GEN, Grupo GEN, 2016.

BARROS NETO, João Pinheiro. Administração: passado, presente e futuro, *in* DE MATTEU, D. COVAS, T. **Manual Completo de Gestão para Tecnólogos**: Conceitos e práticas. São Paulo, Atlas, 2019.

BATALHA, Mário Otávio (Coord.). **Gestão Agroindustrial**. Disponível em: Grupo GEN, 4. ed. Grupo GEN, 2021.

BATALHA, Mario Otávio. **Gestão Agroindustrial.** v 1. GEPAI. Atlas, 2007.

BATALHA, Mario Otávio. **Gestão Agroindustrial**. v 2. GEPAI. Atlas, 2009

CARRETEIRO, Ronald. **Série Gestão Estratégica – Inovação Tecnológica**: Como Garantir a Modernidade do Negócio. Disponível em: Grupo GEN, 2009.

CASTRO, L. T; NEVES M. F. Marketing e Estratégias em Agronegócio e Alimentos, São Paulo, Atlas 2007.

CHADDAD, Fabio. **Economia e Organização da Agricultura Brasileira**. Disponível em: Grupo GEN, Grupo GEN, 2017.

CHIAVENATO, I. **Administração de recursos humanos**. Rio de Janeiro: Campus, 2016.

Chiavenato, Idalberto. **Gestão da Produção**: Uma Abordagem Introdutória. Disponível em: Grupo GEN, 4. ed. Grupo GEN, 2022.

CHIAVENATO. **Planejamento Estratégico**: Da Intenção aos Resultados. Disponível em: Grupo GEN, 4. ed. Grupo GEN, 2020.

CORRÊA, Henrique Luiz. **Administração de Cadeias de Suprimentos e Logística**: Integração na Era da Indústria 4.0. Disponível em: Grupo GEN, 2. ed. Grupo GEN, 2019.

GOMES, Sonia Maria da, S. e GARCIA, Cláudio Osnei. **Controladoria ambiental**: gestão social, análise e controle. Disponível em: Grupo GEN, Grupo GEN, 2013.

HOJI, Masakazu. **Gestão Financeira Econômica**. Disponível em: Grupo GEN, Grupo GEN, 2018.

KOTLER, Philip; Kartajaya, Hermawan; Setiawan, Iwan. **Marketing 3.0**: As Forças que Estão Definindo o Novo Marketing Centrado no Ser Humano. Rio de Janeiro: Elsevier, 2010.

KOTLER, Philip; Kartajaya, Hermawan; Setiawan, Iwan. **Marketing 5.0**: tecnologia para a humanidade. Tradução André Fontenelle. 1. ed. Rio de Janeiro: Sextante, 2021.

KUAZAQUI, Edmir *et al.* **Gestão de Marketing 4.0**: Casos, Modelos e Ferramentas. Disponível em: Grupo GEN, Grupo GEN, 2019.

KUAZAQUI, Edmir. Marketing do Tradicional ao Digital. *In* MATTEU, D. COVAS, T. **Manual Completo de Gestão para Tecnólogos**: Conceitos e práticas. São Paulo, Atlas, 2019.

LAS CASAS, Alexandre Luzzi. **Marketing**: Conceitos, exercícios e casos. 8. ed. São Paulo: Atlas, 2009.

LAS CASAS, Alexandre Luzzi. **Plano de marketing para micro e pequena empresa**. 5. ed. São Paulo: Atlas, 2007.

LEE, Kai-Fu. **Inteligência artificial**: como os robôs estão mudando o mundo, a forma como amamos, nos comunicamos e vivemos. Tradução Marcelo Barbão. 1. ed. Rio de Janeiro: Globo Livros, 2019.

MARKMAN, Art. **Mindset da carreira**: como a ciência cognitiva pode ajudar você a conseguir um emprego, ter um desempenho fora de série e progredir em sua profissão. São Paulo: Benvirá, 2019.

MATTEU, D. COVAS, T. **Manual Completo de Gestão para Tecnólogos**: Conceitos e práticas: São Paulo, Atlas, 2019.

MATTEU, Douglas. **Acelere o seu sucesso profissional e pessoal**: conheça técnicas de coaching para acessar o melhor de você e garantir que realize seus propósitos de vida. São Paulo: Literare Books Intenational, 2016.

MATTEU, Douglas. Gestão Estratégica de Pessoas com Coaching: A arte de alcançar resultados in: SITA, M; LANNES, A. **Ser + em Gestão de Pessoas**. São Paulo: Ser Mais, 2011.

MAXIMIANO, Antonio Cesar Amaru. **Fundamentos de Administração**. Manual compacto para as disciplinas de TGA e introdução à Administração. São Paulo: Atlas, 2007.

MENDES, J. T. G; JUNIOR, J. B. P. **Agronegócio**: Uma abordagem econômica. São Paulo: Person Prentice Hall, 2007.

NETO, Alexandre Assaf e LIMA, Fabiano Guasti. **Curso de administração financeira**. 3. ed. Disponível em: Grupo GEN, Grupo GEN, 2014.

OpenAI. (2023). **Chatbot GPT-4** [*Software*]. Disponível em <https://www.openai.com/> acessado em 21/06/23.

PERELMUTER, Guy. **Futuro presente**: O mundo movido à tecnologia. Jaguaré- SP: Companhia Editorial Nacional. 2019.

RIZZOLI, Alberto. 8 **Aplicações Práticas da IA na Agricultura**. Disponível em < https://www.v7labs.com/blog/ai-in-agriculture#:~:text=%E3%80%9064%E2%80%A0Another%20study%E2%80%A0www,31

RODRIGUES, Roberto. **Agro é paz**: análises e propostas para o Brasil alimentar o mundo. Piracicaba: ESALQ, 2018

ROQUE, RABECHINI e CARVALHO, Marly Monteiro de (organizadores). **Gerenciamento de projetos na prática**: casos brasileiros. Disponível em: Grupo GEN, Grupo GEN, 2006.

SCHERER, Felipe Ost e CARLOMAGNO, Maximiliano Selistre. **Gestão da inovação na prática**: como aplicar conceitos e ferramentas para alavancar a inovação. 2. ed. São Paulo: Atlas, 2016.

WERKEMA, Cristina. **Métodos PDCA e Demaic e Suas Ferramentas Analíticas**. Disponível em: Grupo GEN, Grupo GEN, 2012.

SUSTENTABILIDADE E INOVAÇÃO

3.1 Sustentabilidade: definição e importância

Você sabe o que é sustentabilidade? Se respondeu "sim", parabéns! Você é uma pessoa consciente e, provavelmente, já adota práticas sustentáveis no seu dia a dia, como separar o lixo para reciclagem e economizar água. Mas, se sua resposta foi "não", não se preocupe, pois este capítulo te ajudará a compreender de forma simples o que é sustentabilidade e qual é a sua relação com o agronegócio.

Antes de nos aprofundarmos um pouco mais sobre o assunto, vale entendermos alguns conceitos e marcos históricos acerca do tema. Vamos começar pelo básico, em que veremos que a sustentabilidade é um conceito que se refere à capacidade de manter o equilíbrio dos recursos naturais do planeta para garantir a sobrevivência das gerações futuras, ou seja, fazer uso dos recursos naturais sem esgotá-los e sem prejudicar o meio ambiente. Você sabe qual é uma das áreas mais importantes quando falamos em sustentabilidade? Isso mesmo, o agronegócio. Afinal, é ele quem produz boa parte dos alimentos que consumimos diariamente.

Mas não pense que o assunto "sustentabilidade" é algo recente. O conceito teve sua origem na Conferência das Nações Unidas sobre o Meio Ambiente Humano (UNCHE), realizada em Estocolmo, no ano de 1972. Desde então, a ideia foi desenvolvida e tornou-se ainda mais conhecida com o relatório "Nosso Futuro Comum", coordenado pela então primeira-ministra da Noruega, Gro Brundtland, em 1987. Esses documentos foram fundamentais para promover a consciência ambiental e a busca por um futuro mais sustentável.

Atualmente, a temática da sustentabilidade é recorrente em diversos meios, desde publicações jornalísticas até eventos corporativos. Todavia, vale ressaltar que esse assunto apresenta uma relevância ímpar, posto que diz respeito ao futuro do nosso planeta.

Os governos, as empresas e a sociedade civil cada vez mais reconhecem a estreita relação entre as atividades econômicas e a preservação ambiental, apontando para a necessidade de se desenvolver de forma equilibrada. Nesse sentido, os inúmeros conceitos filosóficos, éticos e práticos relacionados à sustentabilidade estão ganhando cada vez mais espaço para guiar as ações humanas, com objetivo de tornar a Terra um lugar mais seguro, saudável e acessível para todas as formas de vida.

A sustentabilidade tem como princípio garantir o suprimento das necessidades dos atuais e futuros ciclos da humanidade. Prevê o desenvolvimento social e econômico sem o uso dos recursos naturais em índices acima da taxa de renovação. Por esta razão, é importante buscar por soluções inovadoras, ecoeficientes e socialmente responsáveis, que assegurem ganhos econômicos e o uso consciente dos recursos naturais.

No agronegócio, alcançar a sustentabilidade é ainda mais relevante, já que esse setor envolve a exploração dos recursos naturais para o suprimento da demanda por alimentos. Dentro deste contexto, é necessário que sejam implementadas técnicas para que o meio ambiente não seja prejudicado rapidamente. O uso sustentável do solo, do ar, da água e da energia são requisitos básicos para o sucesso e futuro do agronegócio, e o seu desenvolvimento não pode vir à custa da destruição de ecossistemas.

Outra perspectiva fundamental na busca por uma agropecuária sustentável é a compreensão de que as comunidades rurais são parte integrante da natureza e que elas devem estar em equilíbrio com os sistemas naturais que as cercam. Desta forma, as comunidades podem ser objeto de apoio, o que ascende a relevância das relações com as entidades financeiras, políticas e outras organizações. Dessa maneira, a agropecuária sustentável não pode ser gerida somente como um sistema econômico, mas sim como um sistema em que as atividades humanas são responsáveis pela manutenção da biodiversidade, assim como a tomada de medidas para impedir a degradação do meio ambiente.

Por último, é importante ressaltar o papel das iniciativas modernas de tecnologia, tais como o monitoramento de sistemas de informações geográficas, o uso de *drones* agrícolas e o aprimoramento do sistema de irrigação. Estas tecnologias podem ser fundamentais para otimizar o uso dos recursos naturais e melhorar a eficiência dos processos produtivos, além de gerar informações importantes para a proteção da natureza. Além disso, estas inovações são fundamentais para reduzir as explorações ilegais dos recursos, para ajudar as comunidades a se adaptarem à mudança climática e a proteger melhor o meio ambiente.

3.2 Sustentabilidade na gestão ESG

Já ouviu falar em ESG (*environmental, social and governance*)? Não é um bicho de sete cabeças! É só uma sigla em inglês que significa "ambiental, social e governança". Em outras palavras, é uma abordagem estratégica que abrange questões ambientais, sociais e de governança corporativa, ao longo do ciclo de vida de um negócio. As práticas ESG fazem parte da sustentabilidade. Isto quer dizer que, para um negócio ser verdadeiramente sustentável, é necessário implementar ou aprimorar atividades relacionadas a este conceito.

O termo "ESG" tem ganhado destaque nas redes sociais, com um crescimento de 2.600% nas menções em quatro anos. Em 2019, registraram-

-se 4 mil menções, mas esse número saltou para 109 mil nos primeiros meses de 2023, de acordo com uma pesquisa do Pacto Global da ONU, em parceria com a consultoria Stilingue. A pesquisa também destaca o amadurecimento dessa pauta no Brasil, em que 78,4% dos respondentes afirmaram ter integrado o ESG em suas estratégias de negócio e 59,5% já reservam parte do orçamento para ações ESG (Exame, 2023).[29]

No estudo "ESG Radar 2023", realizado pela Infosys, foi projetado que os investimentos em práticas de ESG alcançarão US$ 53 trilhões até 2025, representando um terço dos ativos globais. A pesquisa, que envolveu mais de 2,5 mil executivos de empresas de destaque em várias regiões do mundo, evidencia uma tendência crescente na incorporação de práticas ESG nas estratégias empresariais globais. Estas entidades estão distribuídas em regiões geopolíticas estratégicas, englobando Estados Unidos, Reino Unido, Austrália, Nova Zelândia, França, Alemanha, países nórdicos, Índia e China (Exame, 2023).[30]

Você sabia que o ESG é muito importante para o agronegócio? Práticas pautadas nesta temática são fundamentais para garantir a produção de alimentos saudáveis e seguros, que preservam o meio ambiente e valorizam as pessoas envolvidas em todas as etapas desse processo.

Convenhamos, ninguém quer comer um tomate que foi cultivado em uma área desmatada ilegalmente ou por trabalhadores submetidos a condições de trabalho precárias, não é mesmo? Alguns princípios-chave constituem os valores ESG e garantem que o nosso prato de alimento não seja somente saboroso, mas também sustentável e justo. Entre esses princípios, podemos incluir:

---

[29] Termo ESG cresceu 2.600% nas redes; descubra como aproveitar a tendência e começar carreira na área. Disponível em < https://exame.com/carreira/termo-esg-cresceu-2600-nas-redes-descubra-como-aproveitar-a-tendencia-e-comecar-carreira-na-area/>

[30] Investimentos em ESG devem chegar a US$ 53 trilhões até 2025. https://exame.com/esg/investimentos-em-esg-devem-chegar-a-us-53-trilhoes-ate-2025-diz-estudo/

3.2.1 Ambiental

Os negócios devem se preocupar intimamente com o meio ambiente e focar na redução dos impactos ambientais gerados pelas suas atividades. Não podemos esquecer que todas as organizações são responsáveis pelos recursos naturais que usam. Reduzir e minimizar os impactos é a regra.

Exemplo de ações que ajudam as empresas a gerarem impactos ambientais positivos:

- **Emissão de gases de efeito estufa:** redução das emissões provenientes do uso de combustíveis fósseis nos locais onde se pratica a agropecuária e em veículos utilizados em deslocamentos.
- **Energia:** melhoria da eficiência energética e uso de fontes de energia renováveis.
- **Proteção da água:** utilização sustentável da água para a irrigação e preservação dos recursos hídricos locais.
- **Biodiversidade:** conservação, recuperação e restauração dos ecossistemas relacionados à agropecuária.
- **Poluição:** controle de poluição e uso sustentável de recursos naturais.
- **Práticas agrícolas sustentáveis:** compromisso com práticas de produção ecológicas.

3.2.2 Social

A preocupação com o social também é um fator importante; por isso, os negócios devem focar na utilização de práticas sociais justas e éticas, que respeitem a comunidade e os trabalhadores.

Exemplo de ações que ajudam as empresas a gerar impactos sociais positivos:

- **Práticas de gestão responsável dos recursos humanos:** promoção de condições de trabalho dignas, bem como cumprimento das leis trabalhistas aplicáveis.
- **Desenvolvimento de comunidades:** oferta de oportunidades e capacitação para a produção local e agroecológica e educação sobre consumo responsável.
- **Saúde e segurança:** preservação das condições de saúde e segurança de pessoas ligadas diretamente e indiretamente a agropecuária.
- **Direitos humanos:** promoção e respeito dos direitos humanos, das mulheres, das crianças e jovens e das populações indígenas envolvidas na agropecuária.

3.2.3 Governança

Este ponto está intimamente ligado à ética e transparência. Neste sentido, o negócio deve sempre visar o bem-estar da sociedade e do meio ambiente. A falta de comprometimento com esses valores pode trazer consequências graves, como corrupção, vazamento de informações confidenciais dos clientes e colaboradores, acidentes e violações ambientais, além de situações de preconceito e discriminação. Por isso, é fundamental se comprometer com uma governança responsável para garantir um futuro mais justo e sustentável para todos.

Exemplo de ações que ajudam os negócios com o direcionamento da governança:

1. **Transparência corporativa:** a transparência é fundamental para uma governança bem-sucedida. Transparência significa que as organizações devem compartilhar informações sobre seus processos de tomada de decisão e atividades empresariais com seus investidores, clientes, funcionários e membros da comunidade.
2. **Estabelecimento de padrões de conduta éticos:** estabelecer um código ético é crucial para criar uma cultura de integridade e res-

ponsabilidade dentro das empresas. Os padrões de conduta ajudam as empresas a fabricar, vender e fornecer serviços de maneira justa e responsável.

3. **Conformidade regulamentar:** a conformidade com a legislação é importante para garantir que as empresas estejam operando de acordo com os padrões e princípios exigidos pelo governo, autoridades e reguladores.
4. **Estrutura de governança corporativa forte:** as empresas devem desenvolver um conjunto sólido de políticas de governança e comprometer-se a segui-los de forma consistente. Isso envolve definir responsabilidades claras para os diversos participantes do processo decisório dentro das empresas.
5. **Integridade financeira:** as empresas devem manter uma contabilidade adequada e informações financeiras confiáveis para que todos os envolvidos estejam cientes das implicações de suas decisões.

Figura 15: *Environmental, social and governance* (ambiental, social e governança).

Fonte: imagem criada pela autora Caroline Luiz Pimenta, 2003.

Por meio da adoção de hábitos e técnicas de gestão ESG no agronegócio, as empresas podem melhorar a sua imagem, transparência, responsabilidade corporativa e responsabilidade ambiental, para que possam construir confiança nas comunidades onde operam e assegurar que os seus produtos e serviços sejam de alto nível de qualidade.

Já sabemos que a questão ESG é fundamental para o sucesso do agronegócio. Mas você sabe como colocar em prática um projeto focado nesses valores?

Para colocar em prática um projeto focado nesses valores, é preciso ter uma visão holística do negócio. É necessário entender como as atividades agropecuárias impactam o meio ambiente e a sociedade, e então buscar soluções sustentáveis para minimizar esses impactos. Isso pode incluir desde a adoção de tecnologias mais eficientes e menos poluentes até a implementação de programas de responsabilidade social que beneficiem as comunidades locais. Além disso, é fundamental envolver todos os colaboradores da empresa nesse processo. Afinal, a mudança começa por cada um de nós, não é mesmo? É preciso conscientizar e capacitar os funcionários para que eles possam contribuir, ativamente, para a construção de um negócio mais sustentável e responsável.

Na implementação de um projeto ESG de sucesso, no agronegócio, é importante seguir alguns passos indispensáveis:

1. **Análise dos riscos:** a empresa deve avaliar o impacto de suas ações na sociedade e no meio ambiente e definir quais são os principais riscos envolvidos.

2. **Metas e estratégia de ESG:** além disso, deve definir metas, objetivos e prioridades para as práticas de sustentabilidade e traçar um plano de ação para alcançar estes objetivos.

3. **Certificação:** uma ótima ferramenta para melhorar a responsabilidade ambiental do agronegócio é o uso de certificações, bem como a adoção de práticas de controle e monitoramento para garantir a conformidade com requisitos ambientais.

4. **Orçamento:** reserva de um orçamento para realizar ações ambientais, sociais e de governança. Investir no desenvolvimento da equipe, promover ações de responsabilidade socioambiental e adotar medidas para melhorar a governança corporativa são algumas ações importantes para alcançar os objetivos ESG.

5. **Resultados:** monitorar as ações periodicamente e avaliar os resultados. É importante que a empresa procure identificar possíveis melhorias e problemáticas durante a implementação das ações.

3.3 ESG e inovação: como a tecnologia pode ajudar no desenvolvimento do agronegócio

A inovação desempenha um papel crucial no progresso das práticas ESG (governança, sustentabilidade e responsabilidade social), e é perceptível a utilização das mais recentes tecnologias para otimizar a eficácia nos processos produtivos e elevar a qualidade dos produtos.

A agropecuária de precisão é um exemplo de tecnologia de ponta, que permite aos produtores otimizar os seus processos, monitorar as condições climáticas e outros fatores relevantes para a produção de alimentos em larga escala. As soluções de automação podem contribuir para um uso mais eficiente dos insumos e ajudar na redução de custos, o que significa um ganho de competitividade para o setor. Por outro lado, as soluções de monitoramento remoto permitem aos produtores acompanhar e documentar o passo a passo do processo produtivo, além de permitir o controle das informações que lhes dão a possibilidade de analisar as tendências dos seus negócios. O uso de *drones*, *big data* e outras tecnologias da informação e comunicação estão contribuindo para garantir a segurança alimentar, além de exigir melhores práticas na produção, distribuição e uso de insumos agrícolas, como fertilizantes e defensivos.

Esses avanços tecnológicos também trazem mais transparência e aumentam a responsabilidade social. A tecnologia está ajudando a dar forma às iniciativas baseadas nos Objetivos de Desenvolvimento Sustentável (ODS) das Nações Unidas (ONU) e no impulso de uma transição para economias de baixo carbono. O acesso amplo e inclusivo das soluções tecnológicas é vital para que as pessoas e as comunidades tenham as ferramentas necessárias para estimular as boas práticas dentro do agronegócio.

Contudo, como em todo processo de desenvolvimento bem-sucedido, o diagnóstico é fundamental para compreensão das problemáticas frente à sustentabilidade. Conscientes da necessidade de minimizar os impactos negativos do agronegócio sobre o meio ambiente, elevar as ações sociais e garantir a transparência das atividades, torna-se imprescindível realizar um minucioso diagnóstico da cadeia produtiva do agronegócio antes de aplicar tecnologias em suas diferentes etapas. Nesse sentido, destaca-se a importância das análises de *big data* e de imagens para uma avaliação precisa e abrangente.

Somente após um diagnóstico preciso dos impactos que o negócio ocasiona é que se podem sugerir tecnologias para otimização dos processos e mitigação das problemáticas dentro do agronegócio. Além disso, é fundamental que as soluções tecnológicas sejam adaptadas às necessidades específicas de cada empreendimento agrícola. Por isso, é importante contar com profissionais especializados no desenvolvimento e implementação de tecnologias voltadas para o setor.

Dentro deste processo, é importante considerar a implementação de tecnologias limpas e sustentáveis, como o uso de energia renovável, técnicas de manejo integrado de pragas e doenças e a adoção de práticas agroecológicas.

Outra questão fundamental é o engajamento das comunidades locais e dos trabalhadores rurais no processo produtivo. A valorização do trabalho humano e a garantia de condições dignas de trabalho são essenciais para a construção de uma cadeia produtiva justa e sustentável.

Com todas as informações diagnósticas na mão e com o engajamento das comunidades e trabalhadores, fica fácil estabelecer um plano de ação específico e forte, que atenda as necessidades reais do agronegócio. A implementação deste plano é um outro fator importante, que deve ser devidamente aplicado e, apesar de ainda não obrigatório por lei, monitorado e rastreado.

3.4 A rastreabilidade das ações ESG no agronegócio

Existem várias tecnologias que permitem o monitoramento e a aplicação de práticas, porém, hoje, a rastreabilidade de ações ESG ainda é um desafio. Mais importante do que a divulgação sobre as ações ambientais, sociais e de governança é a corroboração dos dados do negócio, mostrando evolução verificável dos indicadores e evitando práticas como o *greenwashing*.

É fundamental que as ações a serem tomadas sejam transparentes e verificáveis, para dar credibilidade necessária na hora de obter investimentos e de comunicar para a sociedade os seus resultados. Para isso, são utilizadas ferramentas de rastreabilidade de ações ESG, que permitem o monitoramento adequado das etapas realizadas nos agronegócios. Essas ferramentas oferecem diversos benefícios, como, por exemplo, possibilitar que as organizações disponibilizem seus resultados ESG para seus investidores ou acionistas, de forma transparente. Elas garantem que apenas as evidências reais e os dados verificados sejam exibidos. Isso significa que, além de medirem se um negócio está executando ações ESG, elas também comprovam se essas práticas têm retornado bons resultados.

Portanto, ferramentas e práticas de monitoramento e rastreabilidade podem ajudar a garantir que ações ESG sejam executadas com êxito no agronegócio, ao permitir a medição e a verificação dos resultados alcançados. Essas ferramentas podem contribuir para a criação de um portfólio ESG robusto e atrair um público mais amplo em longo prazo, que reivindica conformidade com a governança, com o meio ambiente e com a comunidade.

3.4.1 A rastreabilidade dos alimentos

Além da rastreabilidade ser efetuada para rastrear as ações ESG, ela é uma prática utilizada para identificar a origem e o histórico dos produtos alimentícios, desde a produção até a comercialização. Essa ferramenta agrupa um conjunto de procedimentos que permite detectar a origem e acompanhar a movimentação de um produto ao longo da cadeia produtiva, mediante elementos informativos e documentais registrados (Art. 2º, inciso XI da Instrução Normativa Conjunta Anvisa-Mapa nº 02, de 07/02/2018).

A rastreabilidade dos alimentos é obrigatória e regida pela INC 02/2018. Destaca-se que referida norma se aplica a todos os agentes envolvidos na cadeia produtiva de vegetais frescos, tanto nacionais quanto importados, destinados ao consumo humano.

A prática da rastreabilidade de alimentos se dá por meio do registro detalhado da informação sobre o percurso que o alimento faz na cadeia produtiva, desde a sua origem na produção no campo até o momento em que chega às prateleiras dos supermercados. Essa rastreabilidade é assegurada por meio de um código para cada lote, que acompanha o alimento durante todo o processo produtivo e pode ser consultado a qualquer momento.

Benefícios de aplicar a rastreabilidade dos alimentos:

1. **Garante a segurança alimentar:** a aplicação da rastreabilidade permite traçar a linha de produção de um alimento desde a fonte até ao produto final, o que assegura que todos os itens usados cumpram os regulamentos de conformidade legal. Isso significa que os alimentos oferecidos aos consumidores são seguros para o consumo.
2. **Assegura a origem:** a rastreabilidade também permite aos fornecedores saber exatamente de onde um ingrediente ou item foi produzido/obtido, minimizando problemas causados por falsificação ou adulteração de produtos.
3. **Reduz desperdícios:** características como data de fabricação, de envasamento e checagem de validade ajudam na prevenção de utilizar alimentos vencidos ou não aptos para o consumo humano, melhorando assim o controle de qualidade e reduzindo o desperdício.

4. **Permite a identificação de erros:** com a aplicação da rastreabilidade, em caso de doença ou problema de saúde, os responsáveis podem pesquisar e localizar com mais facilidade o alimento contaminado ou defeituoso para retirá-lo do mercado.
5. **Promove maior confiança nos alimentos:** os clientes ficam mais seguros ao comprarem alimentos cujos detalhes de produção e organização são totalmente de seu conhecimento. Os consumidores são informados detalhadamente sobre onde, quando e como um alimento foi fabricado ou obtido, o que fortalece ainda mais a segurança na hora da compra.

3.5 Estudo de caso: empresa ManejeBem – a utilização da tecnologia para alcance da sustentabilidade no agronegócio

Introdução:

A missão primordial da empresa ManejeBem consiste em promover o desenvolvimento social, ambiental e econômico sustentável de comunidades rurais vulneráveis, por meio de capacitação e transformação digital acessível. Especializada em auxiliar grandes corporações a se relacionarem com produtores familiares, a empresa busca estruturar cadeias produtivas e implementar práticas ESG na agropecuária, as quais são rastreadas e monitoradas. Com uma plataforma tecnológica intuitiva, a ManejeBem oferece um plano comprometido com o desenvolvimento das comunidades rurais. Além disso, por meio da escala de sustentabilidade ManejeBem, é possível monitorar ações que visam corroborar com o atingimento dos Objetivos de Desenvolvimento Sustentável da Organização das Nações Unidas (ONU).

Desafio:

Muitas empresas atuam em áreas rurais e necessitam efetuar ações de compensação socioambiental, fortalecer o relacionamento com comunidades e executar projetos de uso futuro de áreas. Além disso, existem aquelas que dependem da agropecuária familiar para a produção de seus produtos finais e, por isso, precisam de cadeias produtivas bem estruturadas e de produtores socialmente fortalecidos para garantia do fornecimento de matéria-prima. Porém, diagnosticar, implementar e acompanhar projetos de impacto social e agroambiental é um grande desafio para as grandes corporações.

Felizmente, tecnologias emergentes estão sendo desenvolvidas para monitorar e melhorar a eficiência de projetos nos territórios rurais. Por meio da internet das coisas e *smartphones*, é possível coletar diversos dados sobre as atividades das comunidades. Esses dados podem ser usados para compreender melhor as potencialidades e lacunas de cada contexto local, para que projetos futuros sejam implementados e executados de maneira mais eficiente, garantindo que os resultados estejam alinhados com as necessidades das comunidades rurais. Além disso, a tecnologia pode permitir que as organizações obtenham informações em tempo real sobre os impactos atuais e eventuais de projetos atualmente em execução.

Solução proposta:

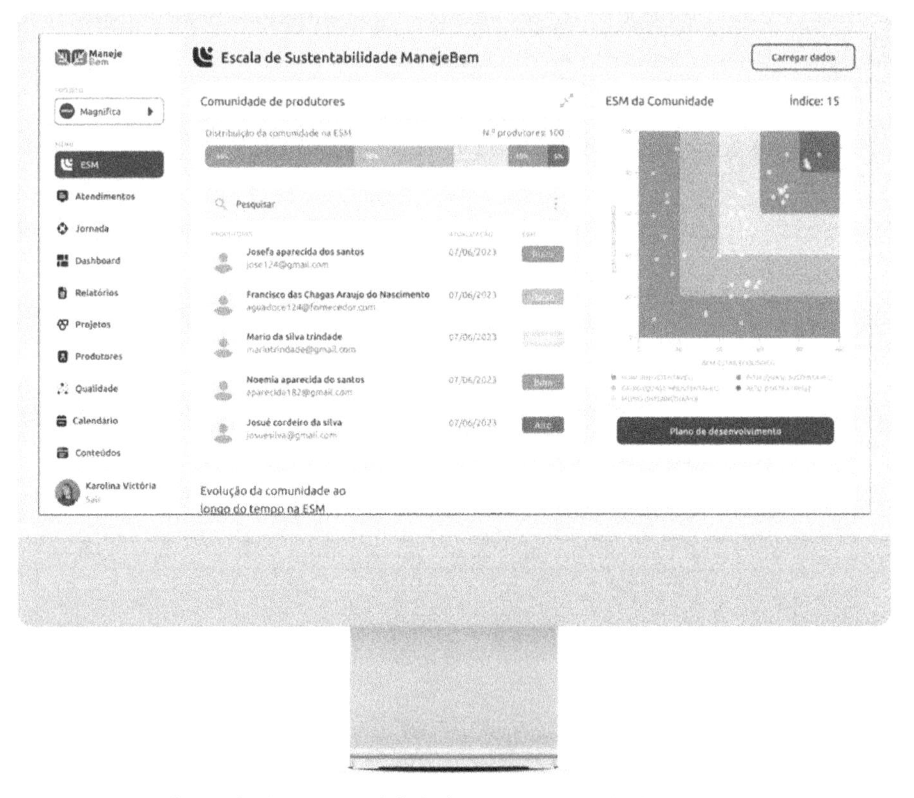

Imagem autoral: escala de sustentabilidade ManejeBem (ESM)

A escala de sustentabilidade ManejeBem (ESM) é uma metodologia que busca sintetizar, matematicamente, uma série de indicadores quantitativos e semiquantitativos, associados à sustentabilidade de unidades de produção familiar e de comunidades rurais em vulnerabilidade social.

A ESM é uma ferramenta importante para avaliar a sustentabilidade das atividades rurais e fornecer orientações para melhorias. Com base em indicadores como uso do solo, gestão de recursos naturais, saúde e bem-estar social, a metodologia permite identificar áreas de melhoria e implementar práticas mais sustentáveis. Além disso, a ESM tem sido utilizada por corporações como um meio eficaz de avaliar a sustentabilidade das comunidades rurais mediante suas ações. Com a implementação da metodologia, as organizações podem fornecer orientação técnica aos produtores familiares e comunidades rurais vulneráveis, ajudando-os a melhorar sua resiliência socioeconômica e ambiental.

Como funciona a escala de sustentabilidade?

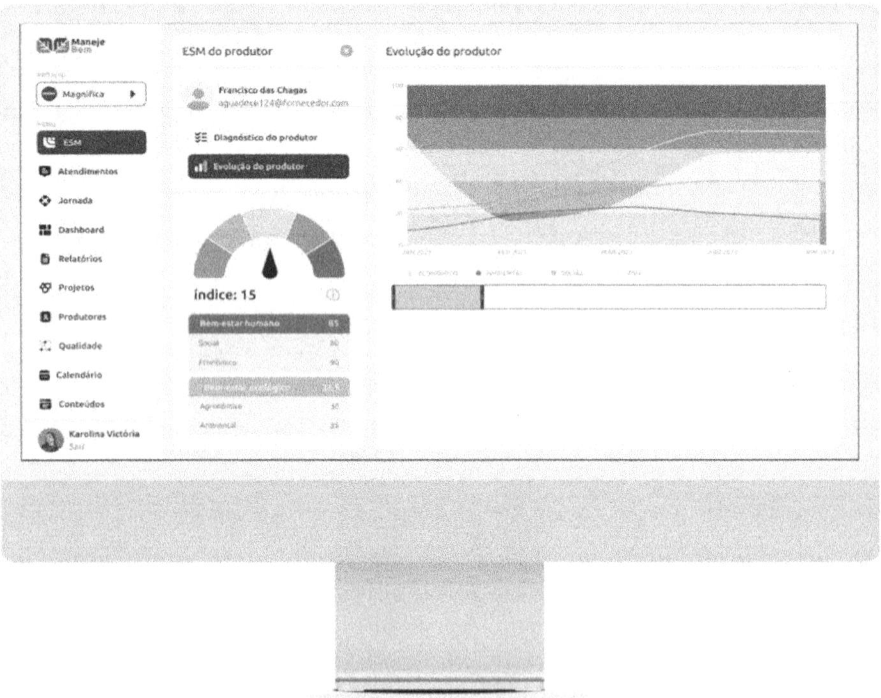

Imagem autoral: Visualização da ESM do produtor

A construção da ESM foi baseada na metodologia desenvolvida por Prescott-Allen (1997) e permite comparações entre diferentes áreas e ao longo de um horizonte temporal.

A ESM, após coleta e análise de dados, resulta em um gráfico bidimensional, com eixos que variam de 0 a 100. Cada eixo é dividido em cinco setores de 20 pontos, sendo o desempenho da sustentabilidade considerado:

- (0-20) – ruim
- (21-40) – baixo
- (41-60) – médio
- (61-80) – bom
- (81-100) – alto

A aplicação da escala, dentro das ações de desenvolvimento de comunidades rurais familiares da ManejeBem, ocorre no início dos projetos, para fins de diagnóstico, e após 6 e 12 meses da primeira coleta de dados.

O diagnóstico inicial das comunidades e unidades de produção familiares permitido pela utilização da ESM nos mostra o desempenho da sustentabilidade de locais e é a ferramenta-chave para a criação do plano de desenvolvimento da comunidade (PDC). Além disso, após a aplicação do planejado, a escala nos permite o acompanhamento e a rastreabilidade do impacto gerado das ações desempenhadas nas regiões.

O Plano de desenvolvimento da comunidade

Com o plano de desenvolvimento da comunidade, pode-se contar com a inteligência dos dados para impulsionar o desenvolvimento de regiões rurais. Com um diagnóstico preciso do nível de sustentabilidade da comunidade, a inteligência artificial indica as melhores soluções para sanar as problemáticas identificadas. É possível escolher as ações que melhor se adequam aos seus objetivos, levando em consideração os custos e tempo de implementação. Com isso, é possível criar um projeto personalizado e eficaz na geração de resultados sólidos.

Como isso funciona na prática? Em uma comunidade com um nível de sustentabilidade pobre, em que a renda familiar e a produtividade agrícola são baixas, pode-se efetuar ações de melhoria no manejo para aumento da produção, planos e treinamentos para agregação de valor, por meio do beneficiamento de produtos etc. Todas as sugestões ficam disponíveis na nossa plataforma e podem ser trabalhadas em um cronograma de ação.

Funcionalidades do PDC:

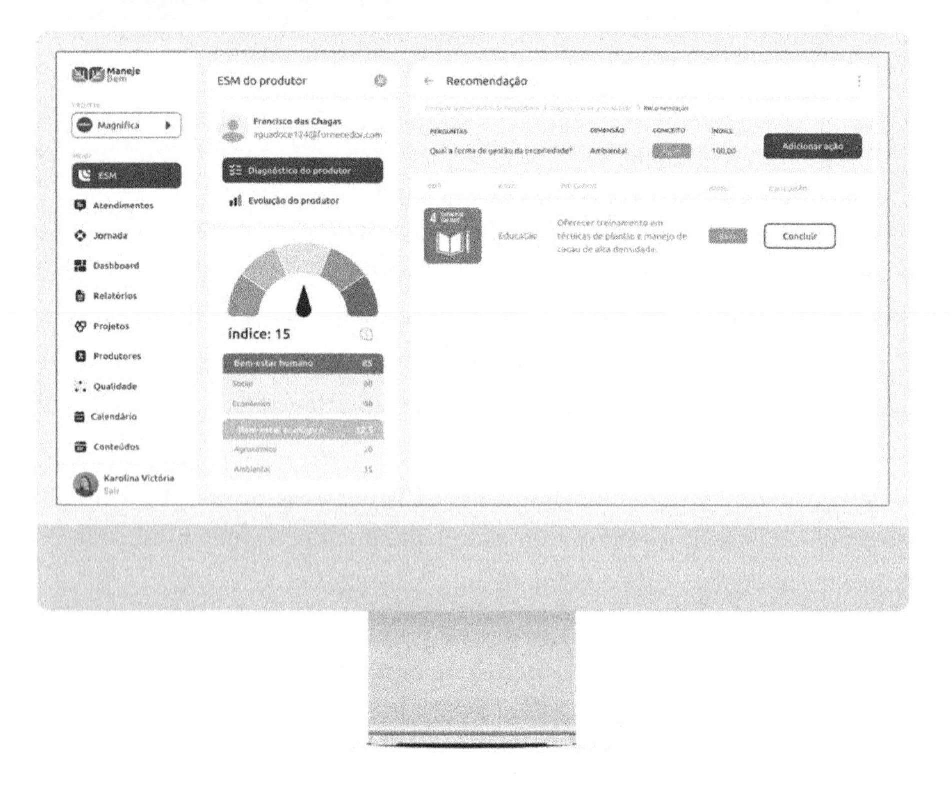

Imagem autoral: Plano de desenvolvimento do produtor

- Seleção de ações para desenvolvimento de comunidades rurais.
- Plano de ação completo baseado nas problemáticas e potencialidades de comunidades rurais.

Características técnicas:

- O PDC é apresentado como *software web*; por isso, é acessível via navegadores por meio de computadores *desktop, notebooks, tablets* e *smartphones* conectados à *internet.*
- Sua aplicação tem como base a utilização de *machine learning* aplicando a indicadores pré-selecionados no ESM. Com base nestes indicadores e com os aprendizados do projeto, a aplicação re-

comenda o plano de ação com maior impacto, no menor tempo e menor custo possível.

- Toda recomendação será monitorada e terá sua taxa de sucesso registrada. Dessa forma, pode ser aplicado para mais produtores no futuro, ou descartado em caso de um fraco desempenho.

O aprendizado adquirido no projeto ficará acumulado, podendo ser disponibilizado a qualquer momento para melhores recomendações pela própria inteligência artificial.

Benefícios:

- Maior eficiência: um plano de ação efetivo baseado em dados também garante que o tempo e o dinheiro investidos em um projeto sejam empregados de forma eficiente e otimizada.
- Plano de ação assertivo, baseado em dados.
- Facilitação do plano de ação de projetos de sustentabilidade.
- Inteligência dos dados para impulsionar o desenvolvimento de regiões rurais.
- Um plano de ação baseado em dados permite que você alinhe seus projetos com as metas e objetivos maiores da sua empresa e dos seus *stakeholders*.

Conclusão:

A tecnologia e ESG (responsabilidade social e ambiental) criaram um caminho promissor para o futuro do agronegócio e da agropecuária familiar. As soluções tecnológicas ajudam a facilitar o manejo da terra, a aplicação de produtos e ainda a monitorar máquinas e equipamentos. Por outro lado, os requisitos de ESG podem ajudar empresas, produtores e mercados a melhorar os resultados e os direitos humanos.

Além disso, a tecnologia e ESG também contribuem para melhorar a eficiência de processos e ainda para ajudar a preservar o meio ambiente. As práticas baseadas na responsabilidade social e ambiental estão se tornando parte fundamental de qualquer empreendimento agrícola, certamente permitindo a evolução e a modernização da agropecuária tradicional.

Portanto, a tecnologia e ESG colaboram para promover um melhor desempenho do agronegócio e da agropecuária familiar. Com as novas práticas, as empresas e os produtores podem aproveitar melhor suas oportunidades de crescimento econômico, social e ambiental. É um caminho que só traz benefícios e garante uma agropecuária sustentável para as futuras gerações.

3.6 Produção ecológica e a agropecuária sustentável

Se você chegou até aqui, já deve ter percebido que os sistemas de produção sustentáveis são a bola da vez na agropecuária, não é mesmo? Eles são uma alternativa incrível, pois buscam minimizar os impactos ambientais, sociais e econômicos negativos dentro do setor agropecuário. Ah! E os consumidores estão cada vez mais interessados em produtos orgânicos ou com responsabilidade socioambiental, então o setor tá bombando! A cada ano, a área destinada a essa produção só aumenta. É o futuro chegando com tudo!

3.6.1 Agricultura orgânica

A agricultura orgânica é uma versão mais saudável e amiga do meio ambiente. Nada de pesticidas tóxicos ou fertilizantes artificiais. Na agricultura orgânica, o negócio é usar técnicas naturais para cultivar alimentos deliciosos e nutritivos. É como um spa para as plantas, onde elas são mimadas com compostagem, adubos orgânicos e muito amor. E sabe o melhor? Esses alimentos orgânicos são bons não só para a saúde das plantas, mas também para a nossa! Por conta disso, é um sistema produtivo que vem ganhando força e crescendo substancialmente nos últimos anos.

Em 2019, 72,3 milhões de hectares de terras agrícolas mundiais foram dedicados à produção orgânica, gerando um valor de mercado de 106 bilhões de euros. Dentro desse número, o Brasil se destaca com 1,3 milhão de hectares de produção orgânica. No ano de 2006, existiam 5.106 estabelecimentos certificados, e, em 2017, este número passou para 68.716, o que equivale a um aumento de 1.000% no número de estabelecimentos agropecuários com a certificação de produção orgânica no país (Embrapa, 2021).

Bom, nós já sabemos o quão importante este sistema é para o mercado e para o meio ambiente. Mas qual é a real definição de agricultura orgânica?

De acordo com a legislação brasileira

"Considera-se sistema orgânico de produção agropecuária todo aquele em que se adotam técnicas específicas, mediante a otimização do uso dos recursos naturais e socioeconômicos disponíveis e o respeito à integridade cultural das comunidades rurais, tendo por objetivo a sustentabilidade econômica e ecológica, a maximização dos benefícios sociais, a minimização da dependência de energia não renovável, empregando, sempre que possível, métodos culturais, biológicos e mecânicos, em contraposição ao uso de materiais sintéticos, a eliminação do uso de organismos geneticamente modificados e radiações ionizantes, em qualquer fase do processo de produção, processamento, armazenamento, distribuição e comercialização, e a proteção do meio ambiente."

Neste sentido, a Lei nº 10.831, de 23 de dezembro de 2003, afirma que as finalidades de um sistema de produção orgânico são:

> "I – ofertar produtos saudáveis isentos de contaminantes intencionais;
>
> II – preservar a diversidade biológica dos ecossistemas naturais e a recomposição ou incremento da diversidade biológica dos ecossistemas modificados em que se insere o sistema de produção;
>
> III – incrementar a atividade biológica do solo;
>
> IV – promover um uso saudável do solo, da água e do ar, e reduzir ao mínimo todas as formas de contaminação desses elementos que possam resultar das práticas agrícolas;

V – manter ou incrementar a fertilidade do solo em longo prazo;

VI – promover a reciclagem de resíduos de origem orgânica, reduzindo ao mínimo o emprego de recursos não renováveis;

VII – basear-se em recursos renováveis e em sistemas agrícolas organizados localmente;

VIII – incentivar a integração entre os diferentes segmentos da cadeia produtiva e de consumo de produtos orgânicos e a regionalização da produção e comércio desses produtos;

IX – manipular os produtos agrícolas com base no uso de métodos de elaboração cuidadosos, com o propósito de manter a integridade orgânica e as qualidades vitais do produto em todas as etapas."

Os produtos orgânicos são como pequenos tesouros da natureza, cultivados com cuidado e carinho para nos proporcionar uma alimentação mais saudável e sustentável. E, quando falamos de certificação, estamos garantindo que esses tesouros são autênticos e seguem todas as diretrizes estabelecidas.

Mas vamos falar um pouquinho mais sobre esses sistemas orgânicos de produção. Temos o ecológico, que busca equilibrar a relação entre seres humanos e natureza. O biodinâmico, que vai além, considerando até mesmo as influências cósmicas no cultivo dos alimentos. O regenerativo, que merece destaque, pois visa recuperar os ecossistemas afetados pela agricultura convencional. A permacultura, que busca criar sistemas produtivos inspirados na natureza, onde cada elemento desempenha um papel importante na harmonia do todo. E temos ainda a agroecologia, que busca compreender e aplicar os princípios ecológicos no desenvolvimento de sistemas agrícolas sustentáveis.

O sistema agroecológico baseia-se em uma visão holística, considerando a interação entre os elementos naturais presentes no ambiente agrícola, como solo, plantas, animais e seres humanos. Esta abordagem vai além de um simples conjunto de técnicas agrícolas. Ela propõe uma mudança profunda nos paradigmas tradicionais da agricultura convencional, que muitas vezes prioriza a maximização da produção em detrimento do equilíbrio ambiental e social. Tem como objetivo principal promover a sustentabilidade dos sistemas produtivos, garantindo a preservação dos recursos naturais e a qualidade de vida das comunidades rurais. Para isso, a agroecologia busca o estabelecimento de práticas agrícolas que respeitem os ciclos naturais, promovam a biodiversidade e valorizem o conhecimento local.

Além dos benefícios ambientais, os sistemas de produção de base agroecológica trazem vantagens econômicas para os produtores rurais. Ao se adotarem práticas sustentáveis, como a rotação de culturas, o uso de adubos orgânicos e o controle biológico de pragas, é possível, por exemplo, reduzir os custos com insumos externos. Essa redução nos gastos com insumos químicos e fertilizantes sintéticos permite uma margem de lucro maior aos produtores. Além disso, ao eliminar a dependência de insumos não renováveis, eles se tornam menos vulneráveis às flutuações do mercado e aos aumentos nos preços desses produtos.

Outro fator importante é a valorização dos produtos orgânicos ou agroecológicos pelos consumidores. Cada vez mais conscientes sobre os impactos negativos da agricultura convencional no meio ambiente e na saúde humana, as pessoas estão dispostas a pagar mais por alimentos produzidos de forma sustentável.

Essa demanda crescente impulsiona o setor e cria oportunidades para os agricultores que optam pela produção agroecológica. Com um mercado em expansão, eles têm a possibilidade de diversificar sua produção e explorar novas culturas, atendendo às preferências dos consumidores. Além disso, a adoção de práticas agroecológicas contribui para a preservação da biodiversidade local. Ao promoverem o equilíbrio entre pragas e predadores naturais, evitando o uso indiscriminado de pesticidas químicos, esses sistemas favorecem a manutenção de um ambiente saudável para diversas espécies.

3.7 Certificações: agronegócio sustentável

Como podemos perceber, o conceito de sistema orgânico de produção agropecuária e industrial abrange diferentes temas, entre eles os denominados: ecológico, biodinâmico, natural, regenerativo, biológico, agroecológicos, permacultura e outros que atendam aos princípios estabelecidos pela Lei dos Orgânicos.

Mas, para serem comercializados, eles precisam passar pelo crivo de um organismo oficialmente reconhecido. Isso garante que tudo está em conformidade com as regulamentações estabelecidas. De acordo com a legislação brasileira, no caso da comercialização direta aos consumidores, por parte dos agricultores familiares, inseridos em processos próprios de organização e controle social, previamente cadastrados junto ao órgão fiscalizador, a certificação é facultativa, uma vez assegurada aos consumidores e ao órgão fiscalizador a rastreabilidade do produto e o livre acesso aos locais de produção ou processamento.

Como certificar?

Uma vez que o produtor decide produzir utilizando métodos da agricultura orgânica, é recomendável que entre em contato com uma agência certificadora, onde obterá informações sobre as normas técnicas de produção. E não, não é uma agência de espionagem secreta ou um clube de detetives particulares. Estamos falando de uma agência certificadora de produtos orgânicos, ou seja, aquela que vai garantir que todo o processo de produção esteja em conformidade com as normas técnicas estabelecidas.

Basicamente, para obter a certificação, é necessário realizar visitas periódicas de inspeção na unidade de produção agrícola quando o produto é vendido *in natura*, assim como nas unidades de beneficiamento quando o produto passa por algum tipo de processamento, e também nos locais de comercialização, como entrepostos.

As inspeções podem ser tanto programadas, com o conhecimento do produtor, como aleatórias, sem que ele saiba antecipadamente. É importante que o produtor apresente à certificadora um plano de manejo e mantenha registros atualizados de várias informações, tais como:

- A origem dos insumos adquiridos.
- A aplicação desses insumos.
- O volume produzido.

Essas informações são confidenciais e, assim como as instalações do local, também devem estar sempre disponíveis para serem inspecionadas e avaliadas pelo inspetor, caso ele solicite.

Após a visita, o inspetor elabora um relatório no qual são apontadas as práticas culturais e de criação observadas. Isso ajuda a identificar possíveis irregularidades em relação às normas de produção estabelecidas. Esses relatórios são enviados ao Departamento Técnico ou ao Conselho de Certificação da certificadora, que decide sobre a concessão do certificado que autoriza o produtor, processador ou distribuidor a utilizar o selo. É possível solicitar a certificação para áreas específicas ou para toda a propriedade.

Quais são os padrões exigidos para a certificação? (Práticas exigidas, produtos fitossanitários utilizados, adubos, fertilizantes)

As associações de produtores desempenham um papel importante na definição dos padrões da agricultura orgânica. Elas estabelecem um sistema de certificação com regras e procedimentos que servem para certificar os produtores associados em relação a esses padrões. No entanto, quando o país implementa uma regulamentação oficial para a produção orgânica, é necessário que os padrões privados atendam, no mínimo, aos padrões oficiais, embora possam incluir procedimentos especiais adicionais.

A agricultura orgânica é uma prática que se baseia no cultivo de produtos agropecuários, sem o uso de substâncias e insumos sintéticos ou tóxicos. Além disso, ela é guiada pelo conceito de sustentabilidade, buscando preservar o meio ambiente e a saúde humana. Essa forma de produção valoriza a natureza e prioriza alimentos saudáveis para todos.

A certificação é garantia de abertura do mercado para exportação?

A certificação é um passo importante para abrir o mercado de exportação, mas não é garantia absoluta. Para se destacar no mercado internacional, é essencial ter produtos de qualidade, preços competitivos e a capacidade de atender às demandas dos importadores. Além disso, é fundamental agir com profissionalismo em todas as etapas do processo, desde a produção até a gestão. Isso inclui até mesmo grupos de pequenos produtores que, com apoio e esforço próprio, conseguem alcançar níveis de organização e qualidade que lhes permitem competir no comércio global.

No entanto, é importante ressaltar que a certificação por si só não garante o sucesso no mercado de exportação. É apenas o primeiro passo para entrar nesse universo competitivo. Para realmente se destacar e conquistar clientes internacionais, é necessário ir além.

Em primeiro lugar, a qualidade dos produtos é fundamental. Os importadores estão cada vez mais exigentes e buscam por produtos que atendam aos mais altos padrões de qualidade. Portanto, é essencial investir em processos de produção eficientes, utilizando matérias-primas de primeira linha e adotando rigorosos controles de qualidade. Além disso, os preços competitivos são cruciais para atrair a atenção dos importadores. É importante realizar uma análise minuciosa do mercado internacional e dos concorrentes para garantir que os preços praticados sejam justos e alinhados com as expectativas dos compradores estrangeiros.

Outro aspecto crucial é a capacidade de atender às demandas dos importadores. Isso envolve desde a agilidade na produção e entrega dos produtos até a flexibilidade para adaptar-se às necessidades específicas de cada cliente. A comunicação clara e eficiente também desempenha um papel fundamental nesse processo, garantindo que todas as informações sejam transmitidas corretamente e que qualquer dúvida ou problema seja prontamente resolvido.

Por fim, agir com profissionalismo em todas as etapas do processo é imprescindível. Isso inclui desde a gestão financeira até o relacionamento com os clientes internacionais. Cumprir prazos, honrar compromissos e oferecer um excelente suporte pós-venda são fatores determinantes para construir uma reputação sólida no mercado internacional.

Quais são os principais produtos certificados no país?

No Brasil, o mercado de produtos orgânicos tem crescido muito nos últimos anos. Além das frutas e grãos tradicionais, já encontramos uma variedade enorme de produtos processados, todos certificados e livres de agrotóxicos. Tem sucos, geleias, laticínios, óleos, doces, pães, biscoitos, molhos, especiarias e até mesmo vinho e cachaça! Fora isso, ainda temos mel, produtos à base de soja orgânica, pratos prontos congelados, frutas desidratadas e muito mais. É uma verdadeira festa para quem busca uma alimentação saudável e sustentável.

E não é só no Brasil que esses produtos são valorizados. Exportamos diversos itens orgânicos para vários lugares do mundo. Café de Minas Gerais, cacau da Bahia, soja, açúcar e café do Paraná são alguns exemplos. São Paulo contribui com suco de laranja delicioso e açúcar mascavo irresistível. O Nordeste manda castanha-de-caju maravilhosa, óleo dendê incrível e frutas tropicais saborosas. O Pará é famoso pelo óleo de palma e pelo palmito delicioso. E ainda tem guaraná direto da Amazônia! Rio Grande do Sul se destaca com arroz delicioso, soja de qualidade e frutas cítricas fresquinhas. Santa Catarina também marca presença com o seu arroz especial. E Mato Grosso é conhecido pela pecuária sustentável.

O Brasil está realmente se tornando referência quando o assunto é produto orgânico de qualidade. A diversidade e a excelência dos nossos produtos são reconhecidas e apreciadas, tanto no mercado interno quanto externo. É um orgulho fazer parte desse movimento em prol de uma alimentação mais saudável e sustentável.

Quais são os principais motivos que levam à perda de certificação?

As razões de abandono ou perda da certificação orgânica podem ser divididas em fatores internos e externos.

Dentro dos fatores internos, podemos destacar algumas dificuldades que podem surgir, como a falta de compreensão das normas de produção orgânica, a falta de padronização do produto, o desperdício causado pela falta de padronização, problemas na organização da produção para atender aos pedidos, dificuldade em vender o produto devido ao custo/preço, desafios em atender às necessidades dos clientes e controlar as pragas na produção e falhas nos procedimentos de manejo por parte dos trabalhadores. É importante estar atento a esses fatores internos para garantir uma certificação orgânica bem-sucedida.

Dentro dos fatores externos, existem alguns desafios que a produção orgânica enfrenta. Um deles é o alto custo para renovar o selo de orgânico e obter assistência técnica. Além disso, os insumos apropriados para a produção orgânica também têm um custo elevado, e, muitas vezes, falta informação sobre quais são esses insumos. Outro ponto é a regulamentação rigorosa, que acaba sendo um obstáculo.

Quando uma auditoria ou investigação revela algum problema (como o uso de insumos não autorizados para cultivo orgânico, desrespeito ao tempo necessário antes da colheita e venda, entre outros), a certificadora gentilmente notifica o produtor sobre a irregularidade e estabelece um prazo para correção ou apelação. As certificadoras sempre valorizam a transparência e buscam garantir a conformidade com a legislação.

Quais são as principais práticas adotadas para que a produção orgânica prospere?

Quais são as principais práticas para impulsionar a produção orgânica? Além de reduzir a dependência de insumos externos, essa abordagem agrega mais valor aos produtos, aumentando a renda dos agricultores e promovendo a preservação dos recursos naturais. Além dessas vantagens, a agricultura familiar se beneficia da produção orgânica graças à grande demanda por mão de obra, que geralmente está disponível dentro da própria propriedade.

Na busca por impulsionar a produção orgânica, diversas práticas têm sido adotadas para garantir o sucesso desse método sustentável. Além de reduzir a dependência de insumos externos, essa abordagem traz consigo uma série de benefícios, agregando mais valor aos produtos e aumentando a renda dos agricultores.

Uma das principais práticas é o manejo integrado de pragas e doenças. Em vez de utilizar agrotóxicos, os produtores orgânicos buscam alternativas naturais para controlar as pragas que podem afetar suas plantações. Isso pode envolver desde o uso de inseticidas biológicos até a rotação de culturas, que ajuda a evitar o acúmulo de pragas em determinada área.

Outro aspecto importante é a conservação do solo. Os agricultores orgânicos adotam técnicas que visam preservar a qualidade do solo, como o uso de cobertura vegetal e a prática da compostagem. Essas medidas ajudam a manter a fertilidade do solo ao longo do tempo, evitando sua erosão e promovendo um ambiente saudável para o desenvolvimento das plantas.

A diversificação da produção também é uma estratégia comum na agricultura orgânica. Ao cultivarem diferentes tipos de culturas ou criar animais em conjunto com as plantações, os agricultores conseguem aproveitar melhor os recursos disponíveis na propriedade e reduzir os riscos associados à monocultura.

Quais são as principais normas, decretos e lei relacionados à agricultura orgânica no Brasil?

- Lei nº 10.831/03.
- Decreto nº 6.323/07.
- Instruções Normativas (Mapa).
  - Nº 19/09 (mecanismos de controle e formas de organização).
  - Nº 18/09, alterada pela IN 24/11 (processamento).
  - Nº 17/09 (extrativismo sustentável orgânico).
  - Nº 50/09 (selo federal do Sisorg).
  - Nº 46/11 (produção vegetal e animal).
  - Nº 37/11 (cogumelos comestíveis).
  - Nº 38/11 (sementes e mudas orgânicas).
  - Nº 28/11 (produção de organismos aquáticos).

Conclusão

A agricultura sustentável e as práticas ESG organizam as atividades do agronegócio para priorizar um desenvolvimento equilibrado. Essas práticas incentivam a produção de alimentos saudáveis, a preservação do meio ambiente, o uso eficiente de recursos e a melhoria das condições econômicas e sociais dos agricultores e comunidades. Por fim, conclui-se que, para que o agronegócio cumpra sua função socioambiental, é fundamental que as práticas de agricultura sustentável e de ESG sejam adotadas e promovidas de forma responsável. A tecnologia tem sido uma grande aliada neste processo ao possibilitar o acesso à captação, à análise e à interpretação de dados cruciais para a tomada de decisões responsáveis.

3.8 Resumo

1. Sustentabilidade: definição e importância.
2. Sustentabilidade na gestão ESG.
3. ESG e inovação: como a tecnologia pode ajudar no desenvolvimento do agronegócio.
4. A rastreabilidade das ações ESG no agronegócio.
5. A rastreabilidade dos alimentos.
6. Estudo de caso: empresa ManejeBem – a utilização da tecnologia para alcance da sustentabilidade no agronegócio.
7. Produção agroecológica e agropecuária sustentável.
8. Certificações: agronegócio sustentável.
9. Conclusão.

3.9 Referências bibliográficas

AAO, **Associação de Agricultura Orgânica**. Disponível em: https://www.aao.org.br/cursos-e-livros

ALFIO, Brandenburg. **Os novos atores da reconstrução do ambiente rural no Brasil**: o movimento ecológico na agricultura. Liège University, Bélgica, 2010

ASSAD, E. D.; MARTINS, S. C.; PINTO, H. S. **Sustentabilidade no agronegócio brasileiro**. Embrapa Digital Agriculture, 2012. Disponível em: https://ainfo.cnptia.embrapa.br/digital/bitstream/item/66505/1/doc-553.pdf

ASSIS, Renato Linhares. **Agricultura Orgânica e Agroecologia:** Questões Conceituais e Processo de Conversão. Seropédica: Embrapa Agrobiologia, 2005. 35 p.

BRASIL. **DECRETO Nº 6.323, DE 27 DE DEZEMBRO DE 2007.** Regulamenta a Lei no 10.831, de 23 de dezembro de 2003, que dispõe sobre a agricultura orgânica, e dá outras providências. Brasília, 2007; Disponível em: http://www.planalto.gov.br/ccivil_03/_ato2007-2010/2007/Decreto/D6323.htm

BRASIL. Ministério da Agricultura e Pecuária. Orgânicos, **Legislação.** Ministério da Agricultura e Pecuária, 2023. Disponível em: https://www.gov.br/agricultura/pt-br/assuntos/sustentabilidade/organicos/legislacao/portugues-1

BRASIL. Ministério da Agricultura e Pecuária. **Regularização da Produção Orgânica.** [Brasília]: Ministério da Agricultura e Pecuária, 2023. Disponível em: https://www.gov.br/agricultura/pt-br/assuntos/sustentabilidade/organicos/regularizacao-da-producao-organica

CAPORAL, F. R., & COSTABEBER, J. A. **Agroecologia e extensão rural**. Contribuições para a promoção do desenvolvimento rural sustentável. Brasília DF. 2004. MDA\SAF\DATER-IICA. Recuperado de: http://www.emater.tche.br/site/arquivos_pdf/teses/agroecologia%20e%20extensao%20rural%20contribuicoes%20para%20a%20promocao%20de%20desenvolvimento%20rural%20sustentavel.pdf

CAPORAL, Francisco Roberto; COSTABEBER, José Antônio. **Agroecologia:** alguns conceitos e princípios. Brasília: MDA/SAF/DATER-IICA, 2004. 24 p.

CAPORAL, Francisco. **A agroecologia:** uma nova ciência para apoiar a transição a agriculturas mais sustentáveis. Brasília, 2009.

CI ORGÂNICOS. **Certificadoras participativas, cadastradas, OPAC**. Rio, 2021. Disponível em: http://ciorganicos.com.br/biblioteca/certificadoras-participativas-cadastradas-opac/

CI ORGÂNICOS. **Certificadoras, por auditoria, cadastradas**. Rio, 2021. Disponível em: http://ciorganicos.com.br/biblioteca/certificadoras-por-auditoria-cadastradas-oac/

DAL SOGLIO, D.F.; KUBO, R.R. **Desenvolvimento, agricultura e sustentabilidade**. Porto Alegre: UFRGS, 2016. Disponível em: http://www.ufrgs.br/cursopgdr/downloadsSerie/derad105.pdf. Acesso em: 20 mai. 2023.

DAROLT, Moacir Roberto. As principais correntes do movimento orgânico e suas particularidades. *In*: Darolt, M.R. **Agricultura Orgânica:** inventando o futuro. Londrina: IAPAR, 2002. 18-26 p. Atualização realizada em 2010.

IBD. **Selo Orgânico**. Disponível em: https://www.ibd.com.br/selo-organico-ibd/

PENTEADO, S. R. **Introdução à agricultura orgânica.** Viçosa: Aprenda Fácil, 2003. 235 p.